KB158812

자두·매실

PLUM · JAPANESE APRICOT

국립원예특작과학원 著

21세기사

자두·매실

Contents

제 I 장 자두

제 II 장 매실

대석조생(大石早生)

홍료젠(Beniryozen)

산타로사(SantaRosa)

솔담(Soldam)

포모사(Formosa)

퍼플퀸(Purple Queen)

귀양(貴陽)

추희(秋姬)

이탈리언 프룬(Italian Prune)

스탠리(Stanley)

열매솎기 시의 자두

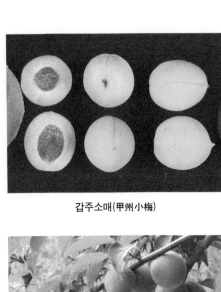

갑주소매(甲州小梅)

용협소매(竜峽小梅)

고성(古城)

남고(南高)

백가하(白加賀)

풍후(豊後)

복숭아가루진딧물

복숭아혹진딧물

자두 잿빛무늬병

자두 거지주머니병

자두 검은점무늬병(흑반병)

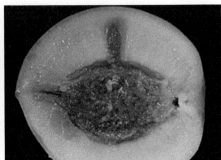

매실 수지과

매실 궤양병

매실 검은별무늬병   매실 고약병

매실 핵(核) 모양

플럼코트 핵(核) 모양

살구 핵(核) 모양

제 I 장
자두

01 원산지와 분포 및 품종군 분류

Plum

자두나무는 앵두나무아과(Drupaceae), 벚나무속(*Prunus*), 자두아속에 속하는 낙엽교목성 식물로 전 세계적으로는 30여 종이 있는데 이 중에서 재배적으로 가치가 있는 것은 동양계 자두(*Prunus salicina* Lindl.)와 유럽계 자두(*Prunus domestica* L.)이다(표 1).

가 동아시아 원생종

(1) 동양계 자두

동양계 자두(Japanese plum, *Prunus salicina* Lindl.)는 양쯔강 유역이 원산지이며 우리나라를 포함한 중국, 일본 등의 동북아시아에 분포하고 있는 자두로 염색체 수가 2n=2x=16인 2배체이다. 현재 우리나라에서 재배되고 있는 대부분의 품종이 여기에 포함되는데, 유럽계 자두보다 조기 결실성이며 잎이 많고 풍산성이나 개화기가 빨라 늦서리 피해를 받기 쉽다. 그러나 내한성이 강해 우리나라 전역 어디에서나 동해를 받지 않고 재배가 가능할 정도로 추위에 강하다. '대석조생', '포모사', '산타로사', '솔담' 등의 품종이 여기에 속한다.

(2) 사이몬 자두

사이몬 자두(Simon plum, Apricot plum, *Prunus simonii* Carr.)는 중국 원산으로 알려져 있지만 순수 야생종은 보고된 적이 없으며 중국 허베이(河北)성 북부에서 동양계 자두와 함께 재배되었다는 보고가 있을 뿐이다. 사이몬 자두는 19세기 말 프랑스의 사이몬(Simon)씨가 중국에서 종자를 본국으로 보낸 이래 독립된 종으로 인정되어 왔다. 사이몬 자두의 주요 특성은 과실은 소과이고 모양은 자두를 닮았으나 과피는 살구와 같으며 꽃은 자두를, 잎 모양이나 외관은 자두와 살구의 중간 형태를 띠고 있다.

나 아시아 서부 및 유럽 원생종

(1) 유럽계 자두

유럽계 자두(Domestica plum, *Prunus domestica* L.)의 원산지는 확실하지 않지만 코카서스 지방을 중심으로 한 서부 아시아일 것으로 추정되고 있다. 유럽계 자두는 염색체가 2n=6x=48인 6배체로 2배체의 미로발란(myrobalan) 자두(*Prunus cerasifera*)와 4배체의 스피노자 자두(*Prunus spinosa*)의 자연교잡에 의해 태어났을 것으로 추정되고 있다. 유럽을 중심으로 한 세계 곳곳에 재배되고 있는 유럽계 자두는 과피 색에 따라 프룬(Prune), 레인클라우드(Reine Claude, Green Gaze), 옐로우에그(Yellow Egg), 임페라트리스(Imperatrice) 및 롬바드(Lombard)군으로 분류된다. 그 중에서도 프룬군은 건과(乾果)로 임페라트리스군은 생식용으로 널리 이용되고 있다. 그러나 우리나라 기후나 토양 조건에서는 열과나 잿빛무늬병 발생이 많고 맛이 좋지 않아 재배가치는 적다.

가. 프룬군

프룬(Prune)군 계통은 과육이 단단하고 당 함량이 많으므로 핵을 빼지 않고 그대로 말려도 발효되지 않아 건과를 만들 수 있다. 맛이 좋지 않아 생식용으로는 재배되지 않는다. 이 군에 속하는 주요 품종으로는 프렌치

(French), 슈가(Sugar), 이탈리언(Italian), 임페리얼(Imperial) 및 버뱅크 그랜드 프라이즈(Burbank Grand Prize) 등이 있다.

나. 레인클라우드군

레인클라우드(Reine Claude, Green Gaze)군은 봉합선이 희미하고 과실은 녹색, 황색 또는 담적색이다. 단맛이 많고 육질은 유연하고 과즙이 많으며 모양은 원형이다. 이 군에 속하는 주요 품종으로는 레인클라우드(Reine Claude), 제퍼슨(Jefferson) 등이 있으며 통조림용으로 중요한 품종이다.

다. 옐로우에그군

옐로우에그(Yellow Egg)군은 통조림용으로만 이용되는 것으로 과실이 비교적 작으며 경제적 가치가 적은 종류이다. 이 군에 속하는 품종으로 잘 알려진 것은 옐로우에그(Yellow Egg)이다.

라. 임페라트리스군

임페라트리스(Imperatrice)군의 과실은 중과이고 난형이다. 과피는 청자색이며 과분이 많은 것이 특징이다. 육질은 단단하고 과피가 두꺼우며 품질은 중정도이다. 이 군에 속하는 주요 품종에는 그랜드듀크(Grand Duke), 다이아몬드(Diamond), 프레지던트(President) 등이 있다.

마. 롬바드군

롬바드(Lombard)군은 과실이 작고 적색의 과피를 가지고 있으며 품질이 나쁘다. 이 군에 속하는 주요 품종에는 롬바드 (Lombard), 브라드샤우(Bradshoaw), 폰드(Pond) 등이 있다.

(2) 인시티티아 자두

인시티티아 자두(Insititia plum, *Prunus insititia* L.)의 원산지는 아시아 서부에서 유럽 동부 지방으로 알려져 있으며, 도메스티카 자두와 같이 미로발란 자두와 스피노자 자두의 교잡에 의해 생긴 6배체 식물이다. 순수 야생 품종에 관한 보고는 없지만 댐슨(Damson) 및 세인트줄리안(Saint Julian) 품종 등이 여기에 속한다.

(3) 미로발란 자두

미로발란 자두(Myrobalan plum, *Prunus cerasifera* Ehrh.)의 원산지는 코카서스 지방을 중심으로 하는 아시아 서부 및 유럽 동부 지방으로 앵두 자두(cherry plum)라고 부르며 과실로 이용될 뿐만 아니라 대목으로 더 중요한 역할을 담당하고 있다. 적색의 잎을 가진 *Prunus cerasifera* var. *pissardii* Koehne는 관상용으로 이용되고 있다.

표 1 자두의 종류와 분포

구분	학명	염색체수(2n)	분포지역	비고
동양계	*P. salicina* Lindl.	16	중국, 한국, 일본	과실
	P. simonii Carr.	16	중국	과실
유럽계	*P. cerasifera* Ehrh.	16	아시아 서부~유럽 동부	과실, 대목
	P. domestica L.	48	아시아 서부	과실, 풍산성
	P. insititia L.	48	아시아 서부~유럽 동부	과실
	P. spinosa L.	32	유럽~시베리아	과실
	P. cocomilia Ten.	16	이태리	과실
북미계	*P. alleghaniensis* Porter	16	북미 중부	과실, 관상용
	P. americana Marsh.	16	북미 동부	과실, 내한성
	P. angustifolia Marsh.	16	북미 동남부	조숙성, 내병성
	P. hortulana Bailey	16	북미 중부	과실
	P. maritima Marsh.	16	북미 동북부	과실, 관상용
	P. mexicana Wats.	16	북미 중부, 멕시코	과실
	P. munsoniana Wight et Hedr.	16	북미 중부	과실, 내병성
	P. nigra Ait.	16	북미 북부, 캐나다	과실, 내한성
	P. rivularis Scheele.	16	미국 텍사스	내병성
	P. subcordata Benth.	16	미국 캘리포니아	과실, 왜성대목
	P. umbellata Ell.	16	미국 동남부	과실

(4) 스피노자 자두

스피노자 자두(Spinosa plum, *Prunus spinosa* L.)는 유럽 중부 및 남부와 아프리카 북부에서 중앙아시아 및 시베리아에 이르는 광범위한 지역에 분포되어 있으며 흑자리(黑刺李) 또는 블랙손(Blackthorn)으로 부르며 울타리용 등으로 이용되고 있다.

다 북미 원생종

북미에서는 자두의 야생종이 풍부하나 과실로 이용하기에는 품질이 좋지 않지만 환경 적응성이 넓어 육종 재료나 대목으로서의 이용가치가 높다.

(1) 미국 자두

미국 자두(Americana plum, *Prunus americana* Marsh.)는 일반 야생자두(Common wild plum)라 부르며 미국 동부지방이 원산지로서 내한성이 매우 강하다. 소목, 소과로서 과피는 두꺼우며 블랙호크(Blackhawk), 뉴톤(Newton) 품종 등이 있다.

(2) 안구스티폴리아 자두

안구스티폴리아 자두(Chickasaw plum, *Prunus angustifolia* Marsh.)는 산앵두(Mountain cherry)라고도 부르며 미국 동남부가 원산지로서 조숙 및 내병성인 자두이다. 주요 품종으로는 캐도(Caddo)가 있다.

(3) 호튜라나 자두

호튜라나 자두(Hortulana plum, *Prunus hortulana* Bailey)는 야생 수구리 자두(Wild gooseberry plum)라고도 부르며 미국 중부지방이 원산지로서 웨이랜드(Wayland) 품종이 있다.

(4) 마리티마 자두

마리티마 자두(Maritima plum, *Prunus maritima* Marsh.)는 비치자두(Beach plum)라고도 부른다. 미국 동북부가 원산지이며 과실 및 관상용으로 이용되고 있다.

(5) 만소니아 자두

만소니아 자두(Wild goose plum, *Prunus munsoniana* Wight et Hedr.)는 야생수구리 자두라고 부른다. 호튜라나 자두의 실생으로 추측되고 있으며 미국 중부지방이 원산지로서 내병성이 높은 것이 주된 특징이다.

(6) 캐나다 자두

캐나다 자두(Canadian plum, *Prunus nigra* Ait.)는 미국 북부 및 캐나다가 원산지로서 내한성 유전자원이다.

(7) 태평양 자두

태평양 자두(Pacific plum, *Prunus subcordata* Benth.)는 미국의 캘리포니아 및 오리건 등의 태평양 연안이 원산지이다. 최근 자두 왜성대목으로서의 이용 가능성을 검토 중에 있다.

02 재배현황과 전망

가 세계

자두는 2010년 현재 전 세계적으로는 2,489,194ha에서 연간 11,002,301톤이 생산되고 있다. 주요 재배국은 중국과 세르비아, 보스니아, 루마니아, 미국 등인데 그 중에서도 중국은 1,713,600ha에서 연간 5,663,800톤을 생산하고 있다(표 2).

나 일본

일본에서는 1980년도에 결과수(結果樹) 면적 2,320ha에서 27,900톤의 자두를 생산하였으나 1994년에는 3,770ha, 35,300톤으로 증가하였다가 2011년에는 2,970ha, 22,500톤으로 약간 감소 추세를 보이고 있다(표 3).

도도부현별로는 야마나시(山梨)현이 결과수 면적 860ha, 수확량 6,570톤(전국의 32.8%)으로 가장 많고 그 다음이 와카야마현과 나가노현 순으로 많다(표 4).

표 2 세계 주요 자두 재배국의 재배 및 생산 현황(2010년)

국가	재배면적(ha)	생산량(톤)
세계	2,489,194	11,002,301
중국	1,713,600	5,663,800
보스니아헤르체고비나	77,000	157,562
루마니아	69,288	624,884
미국	37,336	477,724
러시아	35,200	120,000
인디아	27,200	236,100
크로아티아	25,000	49,901
폴란드	21,678	90,641
프랑스	18,782	280,415
칠레	18,651	298,000
아르헨티나	18,000	150,000
스페인	16,700	192,000
터키	16,624	240,806

※ 자료 : FTA 생산통계. 2010.

표 3 일본의 연도별 자두 재배면적 및 수확량 추이

연도	결과수 면적(ha)	수확량(톤)	출하량(톤)
1980	2,320	27,900	25,100
1985	2,980	36,300	32,900
1990	3,490	31,800	28,200
1995	3,670	31,700	27,600
2000	3,220	26,600	23,300
2005	3,130	26,800	23,300
2006	3,090	21,400	18,400
2007	3,050	21,900	19,100
2008	3,020	26,000	22,600
2009	3,010	20,900	18,100
2010	2,990	20,900	18,100
2011	2,970	22,500	19,600

※ 자료 : 일본 농림수산성 통계

표 4 일본의 자두 재배 동향(2011년도)

도도부현	결과수면적(ha)	10a당 수량(kg)	수확량(톤)	출하량(톤)
전국	2,970	758	22,500	19,600
야마나시(山梨)	860	858	7,380	6,570
나가노(長野)	388	790	3,070	2,740
와카야마(和歌山)	305	1,030	3,140	2,870
야마가타(山形)	217	642	1,390	1,240
후쿠시마(福島)	155	672	1,040	879
아오모리(青森)	101	939	948	809
후쿠오까(福岡)	95	865	822	742
가고시마(鹿兒島)	90	179	161	118

※ 자료 : 일본 농림수산성 통계

재배품종별로는 '대석조생'이 726.1ha로 가장 많고 그다음 '솔담(Soldam)' 499.0ha, '태양' 232.0ha로 많으며 '산타로사(SantaRosa)', '귀양'이 100ha 이상에서 재배되고 있다. 또한 '홍료젠(紅りょうぜん)', '대산조생(大山早生)', '뷰티(Beuaty)', '메슬레이(Methley)', '가라리(ガ キリ)', '서머엔젤(Summer Angel)', '대석중생', '서머뷰트(Summer Beaut)', '추희', '레드솔담(Red Soldam)' 등과 같은 다양한 품종이 골고루 재배되고 있다(표 5).

표 5 일본의 자두 품종별 재배면적(2009년)

(단위: ha)

조생종		중생종		만생종	
품종	재배면적	품종	재배면적	품종	재배면적
대석조생	726.1	솔담	499.0	태양	232.0
홍료젠	35.4	산타로사	133.2	추희	70.4
대산조생	27.5	귀양	104.8	레드솔담	39.8
뷰티	23.5	가라리	90.6	켈시	5.2
메슬레이	22.9	서머엔젤	48.4	선루주	4.5
하니로자	7.4	대석중생	35.7	선세프트	2.0
이왕	5.0	서머뷰트	25.3	적스모마	1.5
조생산타	3.5	조월(鳥越)	13.6	고려(高麗)	1.0
		관아중생	4.9		

※ 자료 : 일본 농림수산성. 2009.

다 우리나라

우리나라에서의 자두 재배는 삼국사기 백제 본기 온조왕 3년 겨울 10월조 (條)(기원전 16년)에 겨울 음력 우레가 일어나고 10월에 복숭아꽃과 자두꽃이 피었다(冬十月雷桃李華)는 기록이 있고, 중국의 시경(詩經, 기원전 12~6세기)에 자두(李)가 등장하는 것으로 미루어 보아 삼국시대 이전부터 시작된 것으로 판단된다. 「또 증보산림경제(增補山林經濟, 1766년)에는 황리(黃李), 자리(紫李 또는 紫桃) 2품종이, 해동농서(海東農書, 1798~1799)에서는 황리(黃李), 자리(紫李 또는 紫桃), 야리(野李) 3품종이, 임원경제지(林園經濟志, 1842~1845)에서는 수리(水李), 어리(御李), 황리(黃李), 자리(紫李 또는 紫桃) 4품종이 기록되어 있어 일찍부터 품종 분화가 이루어졌음을 알 수 있다.」

우리나라의 자두 재배면적은 1950년에 298ha이었던 것이 1970년대까지는 거의 변화 없이 유지되다가 1970년대 후반부터 급격히 증가되어 1985년도에는 4,029ha에 달하였다. 그 이후 차츰 감소하였다가 1990년 후반부터 다시 증가되어 2003년에는 6,452ha에서 77,438톤이 생산된 것을 최고로 최근에는 감소 추세에 있다(표 6).

표 6 우리나라 자두 재배면적 및 생산량의 연도별 변화

연도	1985	1990	1995	2000	2001
재배면적(ha)	4,029	3,191	2,693	4,731	5,303
생산량(톤)	33,505	25,211	25,263	51,723	57,874

연도	2003	2005	2007	2010
재배면적(ha)	6,452	6,696	5,803	5,870
생산량(톤)	77,438	75,963	64,816	62,884

※ 자료 : 각 연도 농림수산통계연보.

시도별 자두 재배면적 및 생산량(2010년 기준)은 경북지역이 가장 많아 4,926ha에서 53,737톤을 생산하여 우리나라 전체의 각각 83.9%, 73.6%를 차지하고 있으며 그 다음이 경남, 충북 순이다(표 7).

표 7 시·도별 자두 재배면적 및 생산량(2010년)

시·도	재배면적	생산량
전국	5,870	62,884
경북	4,926	53,737
경남	250	2,539
충북	190	2,230
강원	98	817
대구	97	938
전남	77	489
경기	74	761
충남	74	785
전북	43	284

※ 자료 : 농림수산식품통계연보. 2011.

주산지별 재배면적(2007년 기준)은 김천이 가장 많은 1,398ha로 전국의 28.7%를 차지하며 그 다음이 의성(926ha), 영천(417ha), 경산(390ha), 군위 (288ha) 순으로 많은데(표 8) 최근 들어와 의성, 영천 지역의 재배면적이 많이 증가하였다.

표 8 우리나라의 자두 주산지별 재배면적(2007년)

시·군	1992	1997	2002	2007
전국	2,249	2,515	4,402	4,878
김천	961	1,015	1,339	1,398
의성	126	168	760	926
영천	127	124	296	417
경산	206	152	313	390
군위	92	115	234	288
영동	158	154	219	158
청도	63	85	108	123
옥천	36	13	30	18

※ 자료 : 농림부 과수실태조사. 2007.

라 전망

　최근에 들어와 자두 재배면적이 상당한 수준으로 증가되고 있지만 품종 구성 측면에서 보면 '대석조생', '포모사(Formosa)', '솔담(Soldam)', '추희' 등의 주요 재배품종이 대부분을 차지하고 있다. 비록 2004년 한·칠레 자유무역협정 발효 이후 아직까지 생과는 수입되고 있지 않지만 관세 인하·철폐에 따라 미국, 칠레 등의 외국으로부터 과실이 크고 맛이 우수한 생과가 수입될 가능성은 배제할 수 없는 상황이다. 따라서 기존의 품종들을 맛이 뛰어난 신품종으로 갱신하여 소비자들의 기호도를 충족시켜 내수시장에서의 경쟁력을 키워나가야 할 것이다. 또 대부분의 자두 품종은 7월 이내에 수확을 끝낼 수 있고, 재배관리도 서로 비슷하므로 복숭아와 같은 다른 핵과류 과수와의 복합영농으로 영농규모 확대를 꾀할 필요도 있을 것이다.

03 영양적 가치 및 약리작용

P l u m

자두는 핵과류 중에서 과육(果肉)의 비율이 가장 높아 95%나 된다. 과육 중의 주요 영양성분은 탄수화물로서 생과 가식부(可食部) 100g당 13.0%나 함유되어 있어 주요 핵과류인 복숭아보다 높으며 특히 유럽계 자두인 프룬(prune)을 말린 건자두는 그 함량이 많아 100g당 62.7%나 된다. 또한 비타민 A 함량은 국제단위(I.U.)로 생과의 경우 323, 건과는 1,987이나 되며 이 외에도 비타민 C를 비롯한 여러 가지 비타민류와 무기 영양소, 섬유소 등이 풍부하게 함유되어 있다. 이와 같은 자두는 우리나라에서는 거의 생과용으로 이용되고 있지만 미

표 9 동양계 자두 생과 성분분석표(과육 100g당 성분량)

수분(%)	단백질(g)	총지질(g)	탄수화물(g)	섬유소(g)	회분(g)	열량(kcal)
85.2	0.79	0.62	13.0	1.5	0.39	55.0

칼슘 (mg)	철 (mg)	마그네슘 (mg)	인 (mg)	칼륨 (mg)	나트륨 (mg)	아연 (mg)	구리 (mg)	망간 (mg)	셀레늄 (mcg)
4.00	0.10	7.0	10.0	172.0	0.000	0.100	0.043	0.049	0.50

비타민 C (mg)	티아민 (mg)	리보 플라빈 (mg)	나이 아신 (mg)	판토 텐산 (mg)	비타민 B-6 (mg)	엽산 (mcg)	비타민 B-12 (mcg)	비타민 A (IU)	비타민 E (mg ATE)
9.50	0.043	0.096	0.500	0.182	0.081	2.20	0.000	323	0.600

※ 자료 : 식품 및 영양정보센터, USDA-ARS.

표 10 유럽계 자두 건과 성분분석표(과육 100g당 성분량)

수분(%)	단백질(g)	총지질(g)	탄수화물(g)	섬유소(g)	회분(g)	열량(kcal)
32.4	2.61	0.52	62.73	7.1	1.76	239

칼슘 (mg)	철 (mg)	마그네슘 (mg)	인 (mg)	칼륨 (mg)	나트륨 (mg)	아연 (mg)	구리 (mg)	망간 (mg)	셀레늄 (mcg)
51.0	2.48	45.0	79.0	745.0	4.0	0.53	0.43	0.22	2.30

비타민 C (mg)	티아민 (mg)	리보 플라빈 (mg)	나이 아신 (mg)	판토 텐산 (mg)	비타민 B-6 (mg)	엽산 (mcg)	비타민 B-12 (mcg)	비타민 A (IU)	비타민 E (mg_ATE)
3.30	0.081	0.162	1.961	0.460	0.264	3.700	0.000	1987	1.450

※ 자료 : 식품 및 영양정보센터, USDA-ARS.

국에서는 15% 정도가 생과로 이용되고 나머지는 모두 건과나 주스, 잼, 통조림 및 그 밖의 가공용으로 이용하고 있다.

자두나무의 여러 부위는 한방 및 민간요법의 재료로도 이용되는데(표 11), 간이 나쁜 사람에게는 효험이 있는 과실로 알려져 있다. 본초강목에 따르면 자두는 습관적인 폭식으로 인한 위열과 중초 조절로 숙취를 해소하며 과로로 인한 관절의 열을 식혀주어 피로 회복을 돕고 간병에 좋다고 기록돼 있다. 이러한 자두는 절여두고 오래도록 먹어도 좋으나 물에 뜨는 자두를 먹어서는 안 되며 익은 것을 먹으면 이롭고 날 것은 냉한 식물로 분류되어 몸에 이롭지 않다. 따라서 위장이 무력하거나 허약한 사람이 먹으면 안 되는 과실로 취급하고 있는데 위장이 좋지 않은 사람은 자두 음료수 등을 따뜻하게 데운 후 마시면 된다. 또한 본초강목 등의 자료에 의하면 청어, 오리 알·고기, 참새고기, 벌꿀과 자두는 상극이므로 함께 먹지 않는 것이 좋다고 한다.

표 11 ▶ 자두를 이용한 민간요법

구 분	사 용 방 법
충치통 및 풍치통	뿌리의 껍질을 벗겨 달인 물로 양치질을 한다. 마셔서는 안 된다.
벌레에 물려 부어서 아플 때	뿌리의 하얀 껍질을 벗겨 노랗게 볶은 다음 삶고, 그 물로 쌀죽을 끓여 매일 세 번 식사 때마다 커피 한 잔 정도로 복용한다.
각기, 습종, 양통(가렵고 아픔)	뿌리의 흰 껍질을 삶아 소금을 약간 넣고 잘 희석한 다음 그 물에 환부를 담근다.
더위로 속이 답답하고 입과 코가 마를 때	뿌리의 흰 껍질을 삶아 차 마시듯이 마신다.
종기 등의 독이 발생하여 심하게 아플 때	자두 잎과 대추 잎을 찧어 즙을 내어 바르거나 자두나무 진을 녹 여 바른다.
주취(酒醉)를 쫓고 위를 보호할 때	과실을 소금에 1주일간 절여 햇볕에 말려 보관하다가 필요 시 식 사 때 한 개씩 먹는다. 또한 술에 취했을 때도 말려놓은 자두를 가루로 만들어 끓인 물에 타서 복용한다. 생산기인 6~7월에는 생과를 그대로 먹어도 좋다.

자두·매실

04 재배환경

 가 동양계 자두

(1) 기상

자두나무는 기후에 대한 적응성이 매우 뛰어난 과수로서 가뭄(耐乾性)과 더위(耐暑性)에 모두 강하므로 연 강수량이 500㎜인 건조지대에서도 많이 재배되고 있으며 2,000㎜ 이상의 비가 많은 지방에서도 잘 자라므로 우리나라 전역에서 재배할 수 있다.

우리나라에서 주로 재배되고 있는 동양계 자두 품종은 개화기가 빠르므로 늦서리의 피해를 받기 쉬우며 개화기에 날씨가 불순하면 꽃가루 매개곤충의 활동이 위축되어 수정이 불완전하게 되므로 조기낙과를 일으키는 경우가 있다.

특히 대부분의 동양계 자두 품종은 자가불화합성(自家不和合性, 자신의 꽃가루로 열매를 맺지 못하는 성질)이 강하고 다른 품종의 꽃가루를 받는 경우에도 열매를 맺지 못하는 경우(타가불화합성, 他家不和合性)가 있어 결실이 나쁘거나 수확이 전혀 없는 경우도 있다. 또 수확기에 비가 계속 내리면 과실의 품질이 나빠질 뿐만 아니라 수송력이 떨어지게 되고 검은점무늬병(흑반병, 복숭아의 세균성구멍병 같은 병), 탄저병 등과 같은 병해 발생이 많아진다.

따라서 개화기 동안이 온난하고 수확기에 비가 적은 곳이 재배적지이다 (표 14).

표 12 핵과류의 동해 위험 한계온도

구분	꽃기관의 발육 정도			겨울철 동해 위험온도
	착색 전의 꽃봉오리 (℃)	개화 중 (℃)	낙화 직후의 과실 (℃)	
복숭아	-3.8	-2.7	-1.1	-18
자두	-3.8	-2.7	-1.1	-28
살구	-3.9	-2.2	-0.6	-25
매실	-3.8	-2.2	-1.1	-25
양앵두	-2.2	-2.2	-1.1	-20

표 13 우리나라 각 지방의 늦서리 내리는 시기(終霜時期)

지역	평균 종상일(월.일)	가장 늦은 종상일(월.일)	지역	평균 종상일(월.일)	가장 늦은 종상일(월.일)
강릉	4. 3	5. 10	전주	4. 25	5. 17
서울	4. 14	4. 30	울산	4. 10	5. 3
추풍령	4. 12	5. 7	광주	4. 24	5. 14
포항	3. 21	4. 11	목포	4. 3	4. 22
대구	4. 11	5.3	여수	3. 11	4. 4

표 14 자두 재배지대 구분

적지 구분	재배지대	재배기간 중의 기상환경			해당 지역
		6~8월 강수량 (mm)	연 강수 일수 (일)	늦서리 일자	
최적지	경북 중남부	650 이하	110 이하	3. 26~4. 10	김천, 경산, 영천 대구, 의성, 군위, 청도
적지(상)	전남, 경기 북부	650 이하	110~120	3. 20~4. 20	나주, 화순
적지(중)	경남, 충북 남부	650~700	110~120	3. 26~4. 10	함안, 창녕, 진양 진주, 밀양, 영동
적지(하)	전북 및 충남	650~700	120 이상	4. 10~4. 20	대전, 공주 논산, 청원, 화성

(2) 토양

자두나무는 토층이 깊고 비옥한 토양이 적지(適地)이나 품종군에 따라 좋아하는 토양이 다소 다르다. 미국계 자두는 적응 범위가 가장 넓어 점질토로부터 사질토까지 재배되고 유럽계 자두는 토층이 깊고 비옥한 식질토가 좋으며 동양계 자두는 사질이 약간 들어있는 양토가 적당하나 척박한 땅에서도 재배가 가능하다. 자두나무는 다른 핵과류와 같이 과습(過濕)을 싫어하는데 특히 물이 고이기 쉬운 토양에서는 뿌리가 말라죽거나 수지병(樹脂病) 발생이 쉬우며 검은점무늬병도 많이 발생된다. 한편 경토(耕土)가 얇고 건조가 심한 곳에서는 나무의 생육이 나쁠 뿐만 아니라 과실 비대기에 일소(햇볕 뎀) 피해가 발생되기 쉽다. 따라서 자두나무 재배에 알맞은 최적지는 물 빠짐이 좋고 공기가 잘 통하며 보수력(保水力)이 있는 곳으로 토층이 깊고 비옥해서 근군(根群)이 깊게 뻗을 수 있는 토양이다.

나 유럽계 자두

생육기가 약간 건조하고 착색기 이후에는 강우량이 매우 적은 지대가 적지이므로 우리나라의 환경 조건에서는 재배가 적합하지 않다. 즉 우리나라와 같이 여름철이 다습하고 강우량이 많은 경우에는 꽃눈 발생이 나쁠 뿐만 아니라 병해 발생이 많은 등의 문제점이 있다. 또한 과실의 맛이 좋지 않고 수분 함량이 낮기 때문에 단맛이 많으면서 과즙이 많은 생과를 좋아하는 우리나라 국민의 기호성에는 맞지 않다.

자두·매실

05 재배품종의 주요 특성

P l u m

가 동양계 자두

(1) 대석조생(大石早生, Oishiwase)

일명 '대석'으로 불리는 품종으로 일본 후쿠시마현의 오이시(大石俊雄)씨가 '포모사'의 자연교잡 실생으로부터 선발하여 육성한 품종으로 1952년에 등록되었다. 나무 자람새는 직립성으로 가지는 굵고 열매가지 및 꽃눈 발생은 좋으나 유목기 때에는 세력이 강해 결실이 불안정하다. 결과기가 다른 품종에 비해 1~2년 늦으나 성과기에 들어서면 풍산성이 된다.

과실은 심장형이고 과중은 90g 정도이며 숙기는 6월 하순경(수원 기준)으로 조생 품종이다. 과피색은 녹황색의 바탕에 완숙하면 붉은색으로 착색되며 과육은 황색이다. 신맛이 적고 단맛이 많아 품질이 우수하고 조기출하를 위해 너무 일찍 수확하는 사례가 많아 유통되는 과실의 품질을 나쁘게 하는 원인이 되고 있다.

재배상 유의할 점으로는 숙기가 장마기와 겹치게 되는 해가 많고, 수확 전에 비가 많으면 당도가 떨어져 품질이 나빠지기 쉽다. 또 성목이 되어 감에 따라 꽃덩이가지(화속상단과지) 발생이 많아지므로 대과(大果) 생산을 위해서는 불필요하거나 쇠약한 단과지나 꽃덩이가지를 겨울전정 때에 철저히 제거하고 수정 여부가 확인되는 제2기 낙과기(개화 후 20일) 이후에는 열매솎기(적과)를 철저히 실시하도록 한다. 또 자신의 꽃가루로는 결실이 되지 못하는 자가불화합성(自家不和合性)이 강하기 때문에 '포모사'와 같은 수분수 품종을 반드시 섞어 심어야 한다.

(2) 포모사(Formosa)

미국의 버뱅크(Burbank)씨가 육성한 품종으로 나무의 세력은 강하고 가지는 개장되기 쉽다.

과실은 150g 정도의 대과이며 모양은 방추형이다. 숙기는 7월 중순경이며 완숙된 때에 과피색은 황색의 바탕색 위에 붉은색으로 착색된다. 과육은 황색으로 과즙이 많고 단맛이 많으며 향기도 많다. 완숙과는 유연다즙(柔軟多汁)하고 먹음직스러우나 신맛이 다른 품종에 비해 낮아 수확 전에 비가 많은 해에는 단맛과 신맛의 조화(감산조화, 甘酸調和)가 깨어져 맛이 없는 과실이 생산되기도 한다.

재배상 유의점으로는 자가불화합성이 매우 강하므로 수분수를 반드시 섞어 심어야 하며 검은점무늬병(복숭아의 세균성 구멍병에 해당)에 약하여 조기 낙엽 및 과실 피해가 많을 수 있으므로 방제에 주의를 기울여야 한다. 또 굵고 긴 가지의 선단부에만 새가지(신초, 新梢)가 발생되므로 골격지의 연장지들은 다소 강하게 잘라 결과 부위의 상승을 방지하여야 한다.

(3) 산타로사(SantaRosa)

미국에서 육성된 동양계 자두 품종으로 나무의 세력은 강하고 경제적 수명이 길다. 나무의 자람새는 직립성이나 성목은 약간 개장성을 보인다. 가지는 많이 발생하나 단과지 발생이 적다. 결과기(結果期)에 들어가는 것은 다소 늦으나 자가화합성(自家和合性)이 약간 있어 풍산성이다.

과실은 방추형이며 무게는 130g 정도로 크다. 과피는 붉은색으로 과점(果點)이 있고 흰 과분(果粉)으로 덮여 있어 외관이 아름답고 곱다. 과육은 황색으로 유연다즙하고 단맛과 신맛이 적당히 있어 품질이 좋은 편이다. 검은점무늬병과 일소 피해에 강하므로 재배하기가 쉽다. 숙기는 7월 하순~8월 상순이다.

재배상 유의점으로는 착색이 빨라 조기 수확될 염려가 있으므로 과경부(果梗部, 열매자루 부위)에 둥근 무늬가 발생되는 때에 수확하도록 한다. 또, 생리적 낙과가 많으므로 수분수(授粉樹, 다른 품종의 나무에 꽃가루를 주는 나무)를 심어 결실을 확실하게 하여주는 것이 좋다.

(4) 솔담(Soldam)

일본으로부터 미국으로 가져간 동양계 자두의 종자로부터 선발된 품종으로 나무의 세력이 강하고 자람새는 개장성이다. 굵은 가지에서도 꽃덩이가지 발생이 잘되며 초기 결실이 빨라 3년생부터 결실이 되는 조기결실성 품종이다. 숙기는 8월 상순이다.

과실은 원형이며 무게는 100~150g 정도로 크다. 과피는 등황색 바탕에 적자색의 세로 줄무늬가 생기고 하얀 과분이 덮여 외관이 아름답다. 과육은 선홍색이고 섬유질이 다소 있으며 과즙이 많아 품질이 좋고 수송력도 강하다.

재배상 유의점으로는 풍산성으로 착과량이 많으므로 열매솎기를 철저히 실시하고 겨울전정 때에는 불필요한 단과지들을 제거하도록 한다. 자가불화합성이 강하므로 '산타로사'와 같은 수분수 품종을 함께 섞어 심도록 하여야 한다.

(5) 플럼정상(Plum 井上, Plum Inoue)

일본 산양농원에서 '대석조생'의 자연교잡 실생으로부터 선발된 품종으로 숙기, 과피색 및 나무 자람새 등은 '대석조생'과 거의 유사한 조생종이다. 꽃가루는 많으나 자가불화합성이 높다. 과실은 '대석조생'보다 약간 크고 당 함량이 약간 높은 것이 특징이나 실제 재배농가에서의 검토 결과에 의하면 '대석조생'과 큰 차이가 없는 것으로 평가되고 있다.

(6) 홍료젠(紅りょうぜん, Beniryozen)

일본 후쿠시마현의 간노(菅野幸男)씨가 '맘모스카디널(Mammoth Cardinal)'과 '대석조생'의 교잡 실생으로부터 육성한 품종으로 1987년에 등록된 품종이다. 수확기는 '대석조생' 10일 후인 중생종 품종이다. 과실은 편원형이며 과실 무게는 100g 정도이다. 과피는 전면이 홍자색으로 착색되어 외관이 아름답다. 과육은 담황색으로 치밀하며 당도는 12~13%이고 단맛과 신맛이 조화되어 맛이 우수하다. 자가불화합성이 강하기 때문에 수분수를 섞어 심어야 한다.

(7) 화이트플람(White Plum)

육성 내력은 확실하지 않으나 미국에서 육성된 '시로(Shiro)'라는 품종과 흡사한 품종으로 동양계 자두의 잡종으로 추측되고 있다.

나무 세력은 강하고 약간 직립성이나 성목이 되면 개장성으로 되며 가지는 크다. 숙기는 7월 하순이다.

과실은 원형이며 과중은 70g 정도이다. 과피색과 과육색은 모두 옅은 황색이다. 육질은 유연다즙하고 신맛은 적으며 단맛이 강한 편이나 수확 전에 비가 많으면 당도가 떨어지는 정도가 다소 심한 편이다. 검은점무늬병에는 다소 강한 편이나 햇볕 뎀(일소, 日燒)에는 약하다.

(8) 귀양(貴陽, Kiyou)

일본 야마나시현의 다카이시(高石鷹雄)씨가 '태양'의 자연교잡 실생으로부터 선발·육성한 품종으로 '태양'에 비하여 과실이 크고, 숙기가 빠르다.

나무의 세력은 강하고 개장성이며 나무가 젊은 시기에는 '솔담'과 같이 직립성이 강하게 나타나지만 결실이 시작되면 개장성이 된다. 가지의 발생은 '태양'에 비슷한 특성을 보이며 가지는 다소 연하여 잘 휘어지기 때문에 덕 재배를 하는 경우 유인하기 쉽다. 열매 맺는 습성(결과습성, 結果習性)은 '태양'과 비슷하여 중단과지에 주로 결실되나 단과지와 꽃덩이가지의 발생도 좋은 편이다.

과실의 무게는 '태양'보다 큰 200g 정도이고 과실의 고르기도 비교적 좋다. 과형은 원형에 가까우며 과피는 녹황색의 바탕색 위에 담홍색으로 착색되고 과분은 많다. 착색성은 '태양'보다 나쁘다. 과육은 담황색이며 당도가 높고 신맛이 적으며 과즙이 많아 맛이 좋은 편이다. 수확기는 만개 후 96~119일 경인 8월 상중순으로 '솔담' 수확기의 후반부부터 수확된다.

재배상 유의점으로는 자가불화합성이 강하기 때문에 '바이오체리(Biocherry)' 또는 '헐리우드(Hollywood)'와 같은 수분수 품종을 함께 섞어 심어야 하며 '태양'에서와 마찬가지로 안정적인 결실을 위해서는 인공수분을 실시하는 것이 바람직하다. 또한 착색기에 비가 많을 경우 동심원 모양으로 열매터짐(열과, 裂果)이 일어나는 경우가 있으므로 주의가 필요하다.

(9) 대석중생(大石中生, Oishinakate)

'대석조생'의 육성자인 오이시(大石俊雄)씨가 1956년에 육성한 '포모사' 계열의 품종으로 1974년 등록되었다. 나무 세력은 다소 약하고 자람새는 직립성이다. 단과지와 중과지 발생이 많다. 자가불화합성이 높으므로 수분수를 섞어 심어야 한다. 과실의 바탕색은 녹황색이며 햇빛을 받는 면은 연분홍색으로 착색된다. 과육은 유백색이며 육질은 유연하고 단맛은 많은 편이며 신맛은 적다. 과피가 얇아 수확할 때 손자국이 나기 쉬우며 동녹도 약간 발생한다. 숙기는 '솔담'과 비슷하거나 약간 늦은 7월 하순에서 8월 상순이다. 과형은 난형이며 당도가 높아 맛이 좋다. 과중은 110g 정도로 중대과이며 열매터짐이 없어 재배하기 쉬우나 검은점무늬병에 매우 약한 것이 결점이다.

(10) 레이트솔담(Late Soldam)

일본 야마나시현의 데즈카(手塚高春)씨가 자신의 과수원에서 재배하고 있는 '솔담'에서 발견한 만숙(晩熟) 변이지를 품종화한 것이다.

숙기는 '솔담'보다 2주 정도 늦은 것을 제외하면 나무의 세력과 성질은 '솔담'과 비슷하다. 당도는 '솔담'보다 높아 품질이 좋다.

(11) 태양(太陽, Taiyou)

오래전에 미국으로부터 일본에 도입되어 재배되어 온 품종으로 그 내력은 분명하지 않다. 나무는 다소 직립성이 강하다. 자가불화합성이 강하며 다른 품종과의 타가불화합성도 매우 강하다. 적합한 수분수 품종이 적은 편이나 '산타로사'와는 친화성이 높다.

과실 무게는 100~150g 정도이다. 과피색은 붉은색으로 전면 착색되며 과육색은 유백색이고 육질은 다소 단단하나 치밀하지 않은 편이다. 숙기는 8월 하순(수원 기준)이다.

(12) 켈시(Kelsey)

대표적인 동양계 자두 품종으로 일본에서는 갑주대파단행(甲州大巴旦杏), 목단행(牧丹杏)으로도 불린다. 나무의 세력은 강하고 나무 자람새는 직립성이다. 자가불화합성이 강하기 때문에 수분수를 섞어 심어야 한다.

과실은 긴 심장형이며 과실 무게는 145g 정도로 대과이다. 과피와 과육색은 녹색이다. 숙기는 9월 상순이다. 검은점무늬병, 잿빛무늬병 및 햇볕 뎀 피해에 약하다.

(13) 추희(秋姬, Akihime)

일본 아키따현의 고지마(小嶋昭一郎)씨의 과원에서 1975년에 발견된 우연실생 품종으로 1991년에 등록되었다.

수확기는 9월 상중순으로 '켈시'와 거의 같은 시기인 만생종이며 꽃은 '대석조생'보다 4~5일 정도 늦게 피기 때문에 다른 품종보다는 늦서리 피해에 안전하다. 과실은 편원형으로 과정부는 다소 뾰족하다. 과실의 크기는 150~200g으로 대과성이고 과피는 황색의 바탕색에 홍자색이 전면에 착색되며 과분으로 덮인다. 과육은 황색이며, 육질은 치밀하고, 중정도로 단단하다. 당도는 14°Bx 정도로 맛이 좋은 편이다.

재배상 유의점으로는 유목기에는 나무의 세력이 강하지만 점차 꽃눈의 발생이 좋아진다. 자가불화합성이 강하기 때문에 수분수를 섞어 심어야 하며, 꽃덩이가지 발생이 많기 때문에 철저한 열매솎기를 실시하여야 한다. '포모사'와 마찬가지로 검은점무늬병에 약하다.

(14) 기타 품종

최근 일본에서는 '서머뷰트(Summer Beaut)'와 '서머엔젤(Summer Angel)'의 생산량이 증가하고 있다. '서머뷰트'는 일본 야마나시 과수시험장에서 '솔담'에 '블랙뷰트(Black Beaut)'를 교잡하여 2005년에 육성한 품종이다. 나무 자람새는 개장성이며 크기는 중간 정도이고 나무 세력은 약간 강하다. 숙기는 '솔담'과 거의 비슷한 시기이다. 과형은 원형이고 과색은 햇빛을 받는 면이 홍색으로 착색된다. 과육색은 옅은 황색이고 육질은 치밀하다. 과중은 180~200g으로 큰 편이며 당도는 15~20°Bx로 높은 편이고 신맛이 깊은 맛을 낸다.

'서머엔젤'은 일본 야마나시 과수시험장에서 '솔담'에 '켈시'를 교잡하여 2005년에 육성한 품종이다. 나무 자람새는 직립성이고 나무는 큰 편이며 세력은 강하다. 과형은 원형이며 과피는 홍색으로 전면 착색되고 과육색은 황색이다. 숙기는 '솔담'보다 며칠 늦고 '귀양'과 거의 비슷하다. 과중은 150~180g이고 당도는 15~17°Bx이다.

나 유럽계 자두

(1) 슈가프룬(Sugar Prune)

유럽계 자두에 속하는 품종으로 육성된 지 오래된 품종이다. 자가화합성이 높아 풍산성이므로 열매솎기가 필요하다. 개화기는 다른 유럽계 자두 품종들과 마찬가지로 '대석조생'보다 10일 정도 늦어 늦서리 피해는 적다. 수확기는 9월 상중순(수원 기준)이다.

과실은 짧은 타원형이며 과실 무게는 약 35g 정도의 소과이다. 과피색은 적자색이다. 과육의 수분 함량이 낮고 신맛이 적어 단맛과 신맛의 조화가 어우러지지 않아 생과용으로 부적합하다. 또한 열매 터짐(열과) 및 잿빛무늬병에 약해 상품과(商品果) 생산율이 극히 낮은 품종이다. 우리나라에서는 아직까지 재배되고 있지 않다.

(2) 버뱅크 그랜드 프라이즈(Burbank Grand Prize)

자두 품종육성의 대가인 미국의 버뱅크(Burbank)씨가 육성한 유럽계 자두 품종으로 자가불화합성이 높아 수분수를 섞어 심어야 한다.

숙기는 9월 상중순(수원 기준)이며 과실 크기는 '슈가프룬'의 2배에 가까운 55g 정도이고 과피색은 적자색이다. 새가지 발생이 좋고 열과 및 잿빛무늬병에 약하다.

(3) 스탠리(Stanley)

미국 뉴욕농업시험장에서 '에이젠(Agen)'에 '그랜드듀크(Grand Duke)'를 교배하여 육성한 품종으로 숙기는 '버뱅크 그랜드 프라이즈'와 '슈가프룬'의 중간이다. 과실 모양은 타원형이며 과실 무게는 50g 정도이다. 과피색은 청자색 또는 흑자색을 띤다. 조기수확을 하는 경우에는 품질이 매우 나쁘므로 완숙기 수확이 필요하다. 낙과가 많고 동녹 발생도 약간 있다.

표 15 ▶ 자두 주요 품종의 성숙 일수

구 분	개화기로부터 성숙까지 소요 일수(일)	품종명
조생종	95 이내	대석조생, 뷰티, 플럼정상
중생종	96~119	포모사, 산타로사, 솔담, 대석중생, 자봉, 귀양, 홍료젠
만생종	120~139	레이트솔담, 태양
극만생종	140 이상	추희, 켈시, 슈가프룬, 버뱅크그랜드프라이즈, 스탠리

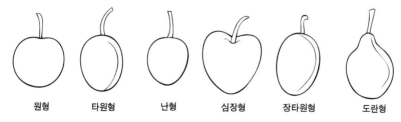

원형   타원형   난형   심장형   장타원형   도란형

(그림 1) 자두 품종의 여러 가지 과실 모양

06 번식

가 대목의 종류 및 특성

(1) 야생 복숭아 실생

우리나라에서 자두 번식에 가장 많이 사용되는 대목이다. 재배 품종의 종자를 대목용으로 이용할 수도 있지만 발아율이 높은 야생복숭아 종자를 채취하여 이용하면 접목 활착 및 생장이 좋다. 야생 복숭아 실생을 대목으로 이용하는 경우 나무가 개장성으로 되기 쉽고 약간 작게 자라며 가지도 충실할 뿐만 아니라 초기 결실 연령도 빠르고 조숙(早熟)되어 품질도 좋다. 그러나 뿌리가 얕게 뻗는 천근성(淺根性)이고 호흡작용이 왕성하여 산소의 요구량이 많기 때문에 지하수위가 높거나 물 빠짐이 나쁜 곳에서는 적합하지 않다.

(2) 동양계 자두 실생

재배종 자두의 종자를 이용한 실생 대목은 접수(椄穗, 접목 번식에 이용하는 재배할 품종의 가지) 품종과 접목친화성이 좋고 생장이 좋지만 야생 복숭아 대목에 비해서는 초기생장이 약간 떨어지며 유목기 때의 생산성도 낮다. 그러나 점질토양이나 다습지에서 견디는 내습성(耐濕性)은 약간 강하며 뿌리혹병이나 복숭아유리나방 등의 피해가 복숭아 대목에 비해 적다. 반면에 야생복숭아를 대목으로 사용한 경우보다 건조에 약하며 햇볕 뎀 피해를 받기 쉽다. 또한 품질이 야생복숭아 대목에 비해 다소 떨어지기 때문에 우리나라에서는 거의 사용되지 않고 있다.

(3) 미로발란(Myrobalan)

외국에서 가장 널리 이용되고 있는 자두 대목으로서 뿌리의 발달이 좋고 깊게 뻗으며 추위 및 건조에 강할 뿐만 아니라 수분 함량이 높은 토양에서도 잘 견딘다. 번식은 보통 삽목과 같은 영양번식으로 이루어진다.

표 16 ▶ **자두 대목의 종류와 특성**

대목종류	접목친화성		토양 적응성	뿌리생장	비고
	동양계 자두	유럽계 자두			
동양계 자두 실생 (*P. salicina*)	◎	○	건조에 약함	중	건조에 약함 초기생장 낮음
유럽계 자두 실생 (*P. domestica*)	◎	◎	-	-	묘 만들기가 어려움 생육이 나쁨
인시티티아 자두 실생 (*P. insititia*)	◎	◎	넓음	양호	건조와 추위에 강함 병해에 약함 왜화성인 것도 있음
미로발란 29C (*P. cerasifera*)	◎	◎, △	넓음	양호	물 빠짐이 나쁜 곳에 적합 품종에 따라 불친화성 보임
마리아나 2624 (*P. cerasifera*)	◎	◎, △	넓음	양호	물 빠짐이 나쁜 곳에 적합 품종에 따라 불친화성 보임
야생복숭아 실생 (*P. persica*)	◎	×, ◎	물 빠짐 좋은 곳	양호	유럽계 자두는 품종에 따라 불친화성 보임
살구 실생 (*P. armenicaca*)	○	△	물 빠짐 좋은 곳	약간양호	수명 짧음
매실 실생 (*P. mume*)	△	△	넓음	양호	품종에 따라 불친화성 보임 약간 조숙함

주) ◎ : 이용 가능, ○ : 실용성 적음, △ : 실용성 없음, × : 이용불가

표 17 ▶ 대목에 따른 자두'솔담'품종의 생육 정도

대목	접목 수	활착 수	3년 후의 생육			3년간의 전정량 (kg)
			수고(cm)	원줄기 둘레길이(cm)	대목부 둘레길이(cm)	
마리아나	15	7	168	11.9	17.2	334
살구	15	11	160	11.2	16.9	230
매실	15	1	-	-	-	-
복숭아	15	10	330	17.3	20.5	1,007

(4) 기타

외국의 경우 살구, 아몬드, 마리아나(Mariana), 핵과류 종간교잡종 등 다양한 종류가 자두 대목으로 이용되기도 한다.

나 대목 양성

대목용 복숭아 종자는 야생의 것을 채종하거나 구입하여 이용한다. 재배종 복숭아의 종자를 대목용으로 이용할 경우 8월 10일(수원 기준) 이전에 수확되는 품종의 종자는 배(胚) 발육이 미숙하여 발아력이 전혀 없거나 매우 나쁘기 때문에 중만생종의 품종으로부터 종자를 채취하여 이용하는 것이 바람직하다.

대목용 종자는 건조한 상태로 보관되면 발아력이 떨어지므로 건조하지 않게 보관하였다가 땅이 얼기 전에 물기가 있는 모래나 톱밥과 종자(핵 상태의 것)를 1:1로 잘 섞은 후 나무상자 등에 담아 물 빠짐이 좋은 건물의 북쪽이나 나무 그늘 아래 묻어 두었다가 이듬해 3월 중순경에 꺼내어 묘포에 곧바로 파종한다. 만일 딱딱한 핵(核)이 벌어지지 않은 채로 파종하면 그다음 해가 되어야 발아하게 되므로 전정가위로 핵을 조심스럽게 깨뜨려 종자를 꺼내어 파종한다. 대목용 종자를 묘상(苗床)에 3~6cm 간격으로 파종하였다가 30cm 정도 자라고 늦서리가 끝난 다음에 미리 준비된 묘포장에 날씨가 흐리거나 비가 오기 직전에 20cm 간격으로 이식할 수도 있다.

다 접목번식법

(1) 눈접(芽椄, Budding)

눈접에는 여러 가지 방법이 있으나 실용적으로 이용되고 있는 방법은 T자형 눈접(T-budding)과 깎기눈접(削芽椄, Chip budding)이다.

가. T자형 눈접

T자형 눈접을 위한 접수용 신초는 접눈(접목에 사용되는 눈)의 잎자루만 남기고 자른 후 이것을 물통에 담가 들고 다니면서 접눈을 채취해야만 접수가 건조해져 활착률이 떨어지는 것을 방지할 수 있다. 접눈은 눈의 위쪽 1㎝ 되는 곳에 껍질만 칼금을 긋고 눈의 아래쪽 1.5㎝ 정도 되는 곳에서 목질부가 약간 붙을 정도로 칼을 넣어 떼어낸다.

대목의 경우에는 지면으로부터 5~6㎝ 되는 곳에 길이 2.5㎝ 정도로 T자형으로 칼금을 긋고 대목 껍질을 접목용 칼 끝의 등면을 이용하여 벌려 접눈을 끼워 넣은 다음 눈만 나오도록 접목부위를 얇은 비닐로 감아준다(그림 2).

접눈이 완전히 활착되기까지는 1개월 정도가 걸리지만 접목 7~10일 후 접눈에 붙여둔 잎자루를 손으로 만졌을 때 쉽게 떨어져 나가면 접목이 된 것으로 판정할 수 있다. 접목한 대목은 이듬해 봄 새가지 생장이 어느 정도 이루어진 후 접눈 위 1.0~1.5㎝ 부위에서 자르고 비닐을 풀어준 다음 지주 등을 세워 접목 부위가 부러지는 것을 방지해 준다.

이와 같은 T자형 눈접은 잎눈이 형성된 7월 중하순부터 실시할 수는 있지만 이 시기에는 수액 유동이 너무 많아 진이 발생되기 때문에 접목 활착이 방해되고 접목 활착이 되었다고 하여도 잎눈으로부터 새가지가 신장되면 겨울 동안 동해 피해를 받을 위험이 있다.

따라서 수액 유동이 줄어들고 활착된 눈이 발아되지 않은 채 바로 휴면에 들어갈 수 있는 8월 중하순이 적당할 것으로 생각된다.

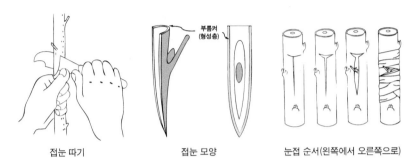

| 접눈 따기 | 접눈 모양 | 눈접 순서(왼쪽에서 오른쪽으로) |

부름켜
(형성층)

(그림 2) T자 눈접 방법

나. 깎기눈접(削芽椄)

접목시기에 건조가 심하거나 접목시기가 늦어 수액의 이동이 좋지 않아 대목과 접수의 수피가 목질부로부터 잘 벗겨지지 않는 때에 깎기눈접을 실시하면 활착률이 높다. 시기적으로는 처서(處暑) 이후인 8월 중하순부터 9월 중순까지이다. 접눈은 눈의 위쪽 1.5㎝ 정도 되는 곳에서 접눈 아래쪽 1.5㎝ 정도까지 목질부가 약간 붙을 정도로 깎은 다음 칼을 다시 접눈 아래쪽 1㎝ 정도 되는 곳에서 눈의 기부를 향하여 비스듬히 칼을 넣어 접눈을 떼어낸다.

대목은 목질부가 약간 붙을 정도로 깎아 내리고 다시 아래쪽을 향하여 비스듬히 칼을 넣어 접눈의 길이보다 약간 짧은 2.2㎝ 정도로 잘라낸다. 여기에 접눈과 대목의 한쪽 부름켜(형성층)가 맞도록 접눈을 끼우고 눈이 나오도록 묶어준다. 활착된 묘목의 이듬해 관리는 T자형 눈접에 준하여 실시한다(그림 3).

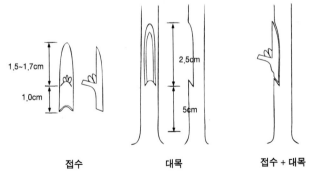

| 접수 | 대목 | 접수 + 대목 |

1.5~1.7cm

1.0cm

2.5cm

5cm

(그림 3) 깎기눈접 방법

(2) 깎기접(切椄)

　깎기접에 사용할 접수(椄穗)는 겨울전정을 할 때에 충실한 1년생 가지를 골라 물이 잘 빠지고 그늘진 땅속에 묻어두거나 비닐로 밀봉하여 냉장고 내에서 보관하였다가 사용한다. 접수가 건조되는 경우에는 접목 활착률이 크게 떨어지므로 접수 보관에 주의하여야 한다. 또한 접수를 너무 일찍 채취하는 경우에는 보관 과정 동안 눈 주위에 곰팡이가 발생되어 눈 충실도를 떨어뜨릴 수 있으므로 2월 초에 채취하는 것이 바람직하다.

　접목은 3월 중하순부터 4월 상중순까지 실시하는데 대목을 지표면으로부터 5~6cm 되는 곳에서 자른 다음 접을 붙이고자 하는 쪽의 끝을 45도 방향으로 약간 깎는다. 그런 다음 접붙일 면을 다시 2.5cm 정도 수직으로 목질부가 얇게 깎일 정도로 깎아내린다. 대목의 깎은 자리에 접수의 부름켜(형성층, 껍질 부위와 목질부의 경계)가 최소한 한쪽이 서로 맞닿도록 접수를 끼워 넣고 비닐 테이프로 묶어준다. 접수로부터의 수분 증발을 방지하기 위하여 접수 절단면을 티오파네이트메틸 도포제(톱신페스트) 등으로 발라 준다(그림 4).

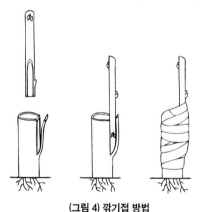

(그림 4) 깎기접 방법

　접목 후 대목에서는 부정아가 계속 발생되므로 몇 차례에 걸쳐 제거해 주어야 하며, 6월 중하순 경에는 비닐로 감은 자리가 잘록해지지 않도록 비닐을 풀어 준다(얇은 비닐로 감은 경우에는 별도의 조치가 필요하지 않다. 그러나 여러 번 많이 감은 경우에는 제거하여야 한다). 또 연약한 접목 부위가 바람 등에 의해 부러지지 않도록 지주를 세워 보호해 준다.

07 개원(開園) 및 나무심기(재식, 栽植)

Plum

가 과수원의 입지 조건

자두나무를 비롯한 핵과류의 재배적지는 다른 과수와 마찬가지로 물 빠짐이 좋은 사질양토 지대이다. 핵과류는 뿌리가 얕게 뻗는 천근성이며 뿌리의 활동에 산소 요구량이 많아 침수나 습해에 약하기 때문에 지하수위가 낮고 물 빠짐이 특히 좋아야 한다. 토심이 낮고 지나치게 건조한 서향(西向) 경사지는 햇볕 뎀 피해가 심하게 나타나므로 주의하여야 한다. 또 삼면이 막힌 정남향 등

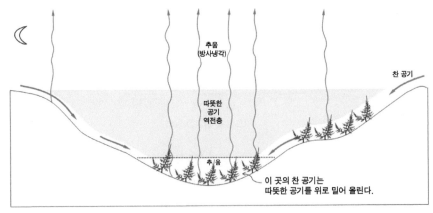

(그림 5) 분지와 계곡지에 있어서의 공기 흐름

은 피하고 바람이 잘 빠져나갈 수 있는 곳이 좋다. 분지나 계곡지에서는 차가운 공기가 오래 머무르기 때문에 개화기의 늦서리 피해나 월동기의 동해가 상습적으로 자주 발생한다(그림 5).

나 과수원의 기반 조성

(1) 평지

평지는 일반적으로 토양이 비옥하고 작업이 편리한 장점이 있지만 땅값이 비싸고 물 빠짐이 나쁘며 지역에 따라서는 서리 피해를 받을 염려가 있다. 지하수위가 높으면 물 빠짐 또한 나빠져 나무의 생육이 매우 나빠지게 된다(그림 6).

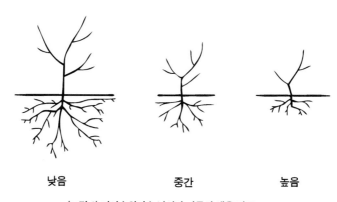

낮음　　　　　중간　　　　　높음

(그림 6) 지하수위의 높낮이와 나무의 생육 정도

따라서 물 빠짐이 나쁜 중점토양(重粘土壤)에서는 여러 형태의 물 빠짐 시설(그림 7)을 할 수 있는데 그에 따른 지하수위의 변화와 살구나무의 생장 상태를 조사한 결과 아무런 물 빠짐 시설을 하지 않는 곳에서는 지하수위가 가장 높았고 겉도랑(명거, 明渠)을 깊게 판 경우나 속도랑(암거, 暗渠)을 판 경우에는 지하수위가 낮은 것을 알 수 있다. 그러나 나무 생장량이나 수량은 속도랑을 판 경우가 겉도랑을 판 경우보다 많았다(그림 8).

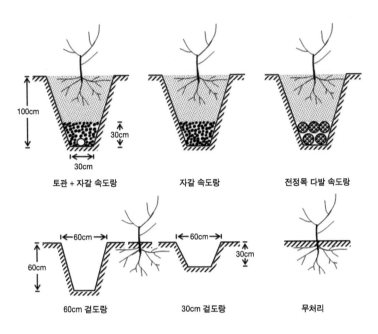

| 토관 + 자갈 속도랑 | 자갈 속도랑 | 전정목 다발 속도랑 |

| 60cm 걸도랑 | 30cm 걸도랑 | 무처리 |

(그림 7) 중점토 살구원의 물 빠짐 시설 단면도(원예시험장, 1980)

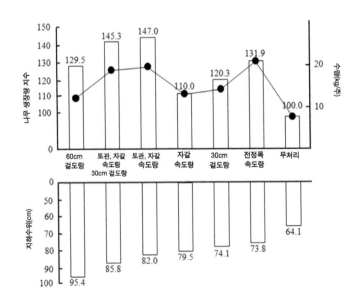

(그림 8) 중점토 살구원의 물 빠짐 시설 종류에 따른 지하수위, 나무 생장량 및 수량(원예시험장, 1980)

최근에 평지 또는 경사지에 새로 과수원을 조성하는 경우 많은 농가에서는 재식열에 굴삭기(포크레인)를 이용하여 약한 구배를 잡아 고랑을 파고 지름 200㎜의 유공관을 폴리프로필렌 개량 부직포로 감고 묻는 형태의 속도랑 시설을 하고 있는데 그 효과도 인정되고 있다. 다만 이 경우에는 건조가 문제될 수 있으므로 반드시 관수시설을 함께 설치하는 것이 바람직하다(그림 9).

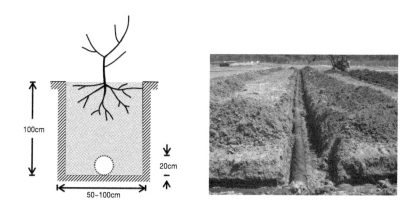

100cm

20cm

50~100cm

(그림 9) 유공관을 이용한 속도랑 배수

(2) 경사지

경사지는 땅이 비옥하지는 않지만 대체로 물 빠짐이 좋고 서리 피해를 받을 염려가 적으며 땅값이 싼 편이다. 그러나 각종 작업이 불편하여 노력이 많이 들고 토양 침식이 심하여 경토(耕土)가 얕아져 영양부족이나 건조 및 햇볕 뎀(일소, 日燒) 피해 등을 받기 쉽다. 특히 경사면의 방향이 서향 또는 남서향일 때는 나무의 줄기 쪽이 햇볕 뎀 피해를 받아 줄기마름병에 걸리는 경우가 많다. 이와 같은 경사지에서는 2월의 기온이 5℃일 경우 경사면 남쪽 가지의 온도가 25℃까지 올라가며 여름철 오후 나무의 수분 소모가 많아질 때 증산작용이 충분히 이루어지지 못한 상태에서 굵은 가지가 직사광선을 받게 되면 국부적으로 나무의 온도가 40℃ 이상 되는 경우도 발생하기 때문이다. 따라서 경사지에 개원할 때에는 땅심을 높이고 표토의 유실(流失)과 수분 부족 등을 방지하기 위해서 깊이갈이(深耕)와 유기물의 공급에 힘쓰고 피복작물을 재배하여 그것을 자주 깎아 나무 밑에 깔아줌으로써 땅심을 높여 주어야 한다.

산지를 개간할 경우 경사가 12~15° 이하인 경사지에서는 토양 보존과 경비 절감을 위해 등고선 개간(等高線開墾)이나 지면을 정리한 다음 심는다. 그러나 경사가 17° 이상으로 가파르고 관리 작업의 능률이 떨어질 것이 예상되는 곳에서는 개량계단식(改良階段式)으로 개간하는 것이 알맞다. 이 경우에는 경사 면에 반드시 풀을 가꾸어 토양 유실을 방지해 주고 농로 안쪽에 폭 50㎝, 깊이 30~50㎝의 배수로를 등고선과 평행으로 설치하여 여름 장마 시에 유거수(流去水)를 모아 물 빠짐이 잘되도록 해주어야 한다(그림 10).

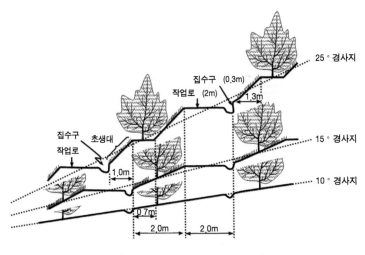

(그림 10) 경사지 개원 모형(赤召, 1971)

(그림 11)은 지형과 나무를 심을 곳의 환경에 따른 겨울철 찬 공기의 정체 상황을 보여 주는 것으로 둑이나 울타리가 진 곳 또는 움푹 들어간 저지대에서는 찬 공기가 머무르게 되므로 이런 곳에는 나무를 심지 않도록 한다.

그러나 찬 공기가 위쪽으로부터 들어오지 못하도록 경사진 곳의 위쪽에 서리를 막아줄 수 있는 방상림(防霜林)을 조성하고 찬 공기가 빠져나갈 수 있는 서리길(霜道)을 만들어 줌으로써 동상해를 막을 수 있다(그림 12).

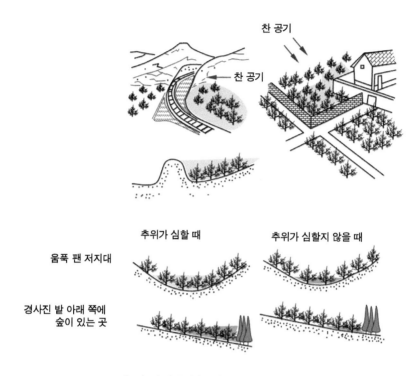

찬 공기

찬 공기

추위가 심할 때   추위가 심할지 않을 때

움푹 팬 저지대

경사진 밭 아래 쪽에
숲이 있는 곳

(그림 11) 찬 공기가 모이는 서리 피해지

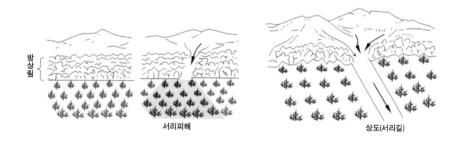

방상림

서리피해

상도(서리길)

(그림 12) 방상림과 서리길 만들기

심는 거리(재식거리)

심을 품종의 세력, 토양의 비옥도, 지형, 수형, 목표수고 등에 따라 심는 나무 수를 결정한다. 나무가 밀식된 상태에서는 결실부위가 수관(樹冠)의 위쪽으로 제한되기 때문에 수량 감소가 불가피하며 수관 내부는 텅텅 비게 되어 공간 활용도 나빠지게 된다(그림 14).

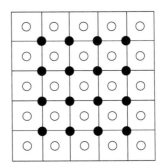

정방형식   오점식

(그림 13) 나무를 심는 양식

표 18 ▶ **품종별 심는 거리**

나무 세력	품 종 명	10a당 심는 거리 및 나무 수			
		오점식 재식 초기		간벌 후 영구수	
		심는 거리	나무 수	심는 거리	나무 수
강한 품종	산타로사, 대석조생	4.5×4m	28	9×8m	14
중 이하인 품종	솔담, 포모사	4×3.5m	36	8×7m	18

표 19 ▶ **토양의 비옥도에 따른 10a당 심는 주수**

품종	토심이 얕은 경사지의 척박지	평탄지 또는 완경사지의 비옥지	토심이 깊은 평지의 비옥지
뷰티	23	20	18
대석조생, 솔담	18	18	15
산타로사, 태양	16	15	12

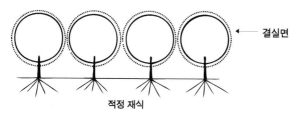

적정 재식

-수량이 많고, 품질도 좋다.
-작업하기 쉽고, 병해충 발생이 적다.
-근군의 발육이 좋고, 수령이 길다.

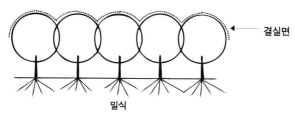

밀식

-초기 수량은 많지만 성목화 되면 아래 부위의 가지는
말라죽어 결실면은 수관 상부로 국한된다.
-통풍성이 나빠져, 병해충 발생이 많아진다.

(그림 14) 심는 거리가 나무의 성장 및 결실에 미치는 영향 (야마나시현 과수원예회, 1974)

그러나 밀식재배를 목표로 하는 Y자형 재배에서는 6×1.5~2m로 심어 초기 수량을 높였다가 나무의 가지가 서로 겹치기 전에 영구수(永久樹, 끝까지 남겨둘 나무)의 수형 구성에 방해가 되지 않도록 축벌(縮伐, 영구수의 수형 형성에 방해되는 최종적으로 간벌될 나무의 가지를 부분적으로 잘라내는 것)이나 간벌(間伐, 나무 자체를 솎아내는 것)을 실시하여 최종적으로는 6×3~4m를 유지한다.

라 심는 시기

가을심기와 봄심기 중 어느 것을 택하여도 좋으나, 가을심기는 낙엽 후부터 땅이 얼기 전까지로 대략 11월 중순으로부터 12월 상순까지이고 봄심기는 땅이 녹은 직후부터 늦어도 3월 중하순까지는 심어야 한다. 가을심기는 봄심기보다 활착이 빠르고 심은 후의 생육이 좋으나 겨울철 동해나 건조 피해를 받지 않도록 주의하여야 한다. 또 봄에 묘목을 구입하여 심고자 할 때에는 너무 늦지 않도록 하여야 하며 봄철의 건조에 특히 주의하여야 한다.

마 구덩이 파기 및 심는 방법

심는 구덩이는 깊이 90~100㎝, 넓이 90~100㎝로 파고 구덩이당 거친 퇴비 30~50㎏, 용성인비 1㎏를 파놓은 흙과 잘 섞어 2/3가량 묻은 후 겉흙을 원래의 표면까지 채워 넣은 다음 20㎝ 정도 높게 심는다(그림 15). 그러나 최근에는 농촌인력 부족으로 인력으로 구덩이를 파는 것보다는 굴삭기(포크레인)를 이용하여 구덩이를 파고 심는 경우가 많은데 이 경우 물 빠짐이 나쁜 곳에서는 경사 방향으로 길게 재식열을 따라 고랑을 파고 유공관 등을 묻어 속도랑 배수시설을 설치한 다음 앞에서와 같은 방법으로 나무를 심는다.

나무를 심은 다음에는 주당 30~50ℓ 정도의 물을 충분히 주고 나무가 바람에 흔들려 새로 발생할 잔뿌리가 끊어지지 않도록 지주를 세워 묶어주고 검은 비닐을 덮어 뿌리의 활착이 좋아지도록 해 준다(그림 15).

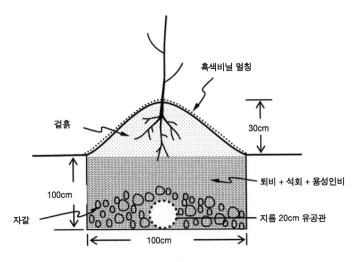

(그림 15) 나무를 심는 구덩이와 심는 방법

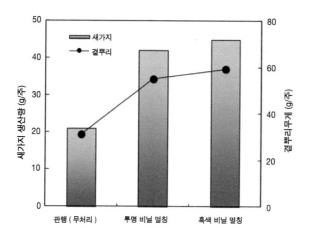

(그림 16) 단감나무 재식 후의 비닐 멀칭 효과 (원예시험장 나주지장, 1982)

평지인 경우 재식열은 동서 방향보다는 남북 방향으로 만드는 것이 좋다. 그것은 남북 방향으로 재식열을 만든 경우에는 나무의 모든 곳에 햇빛이 골고루 들어오지만 동서열에서는 나무의 위쪽과 아래쪽의 햇빛 받는 시간이 달라 새가지 생장, 꽃눈분화, 과실 착색 등이 불균일해지기 때문이다(그림 17).

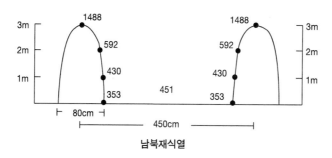

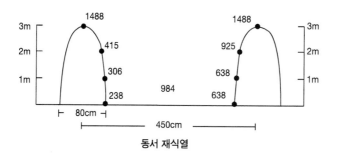

(그림 17) 재식열 방향에 따른 병목식 사과원에서의 생장기 동안의 수관 부위별 일조시수(Gyuro, 1974)

바 수분수 섞어 심기

우리나라에 재배되고 있는 대부분의 품종은 자신의 꽃가루로는 적정 수준 이상의 결실이 되지 않는 자가불화합성(自家不和合性)이 강할 뿐만 아니라(표 20) 다른 품종 간에도 높은 타가불화합성(他家不和合性, 다른 어떤 품종의 꽃가루로도 열매가 일정 수준 이상으로 맺히지 않는 성질)을 나타내므로(표 21, 22) 개원을 할 때에는 선택한 품종에 알맞은 수분수 2~3품종을 20~30% 정도 섞어 심어야만 안정적인 결실을 기대할 수 있다.

표 20 ▶ **자두의 자가결실률(원예연구소, 2000)**

품종명	자가결실률(%)
대석조생, 포모사, 대석중생, 조생월광, 태양, 홍료젠, 추희, 관구조생, 화이트플람, 귀양	0.00
솔담	0.11
레이트솔담	0.45
뷰티	0.58
산타로사	3.63

표 21 ▶ **자두 품종 간 타가결실률(원예연구소, 1997)**

꽃가루를 받는 품종	꽃가루를 주는 품종						
	대석조생	솔담	포모사	산타로사	화이트 플람	만추리언	홍료젠
대석조생	0.0	29.9	14.4	43.5	7.5	0.8	9.9
솔담	13.0	1.9	33.3	63.9	10.9	1.9	20.9
포모사	23.2	1.7	1.6	1.7	10.3	7.7	28.4
산타로사	7.1	3.9	4.3	1.6	4.9	5.2	3.9
화이트플람	14.6	12.1	17.9	23.3	0.0	0.6	15.2

표 22 자두 품종의 자가불화합성 유전자형(원예연구소, 2007)

SI 유전자형	품종
(S^aS^b)	솔담, 레이트솔담
(S^bS^c)	이왕
(S^bS^e)	태양, 홍료젠, 퍼플퀸, 하니레드, 대석중생, 홍카야마, 하을녀, 쓰가레드, 조생태양, 쥬피터
(S^aS^d)	포모사, 자봉, 홈킹델리셔스
(S^aS^c)	관구조생
(S^aS^e)	하니로사, 메슬레이
(S^cS^e)	추희, 스칼렛
(S^bS^f)	대석조생, 로얄대석조생, 플럼정상, 점보대석조생, 조생월광, 선발대석조생
(S^bS^c)	산타로사, 뷰티, 레이트산타로사
(S^bS^c)	바이오체리
(S^bS^e)	심카
(S^aS^b)	화이트플람, 만추리안
(S^bS^c)	엘리펀하트, 익스플로러

주) 정상적으로 열매가 맺히기 위해서는 2개의 자가불화합성 대립 유전자(S^a, S^b, S^c 등) 중의 어느 하나가 서로 다른 품종을 함께 심어야 한다. 예를 들어 포모사(S^aS^b)와 추희(S^cS^b)를 섞어 심은 경우에는 두 품종은 모두 같은 대립 인자 S^b를 가지고 있지만 나머지 대립인자가 서로 달라 서로 수분수 역할을 할 수 있다.

　수분수를 함께 심은 경우라도 수분수가 주품종과 너무 먼 거리에 배치되어 있으면 정상적인 꽃가루 수분이 이루어지지 않을 수 있으므로 주품종 2줄에 수분수 1줄 정도로 심는 것이 좋다(그림 18).

　또한 주품종인 '대석조생', '포모사', '솔담' 등과 같은 품종들은 개화기가 빠르고 이들 품종들이 개화되는 시기에는 늦서리뿐 아니라 저온, 강풍, 강우가 동반되는 경우가 많다. 이러한 좋지 않은 기상조건에서는 수분을 시켜주는 꿀벌 등과 같은 방화곤충(訪花昆蟲, 꽃가루를 운반해 주는 곤충)의 활동이 정지되거나 약해지는데 꿀벌인 경우 기온이 15℃ 이하, 풍속 17m/sec 이상에서는 거의 활동하지 않으며 비가 오거나 구름이 끼어도 활동이 적어지므로 이런 경우에는 인공수분을 실시하는 것이 바람직하다.

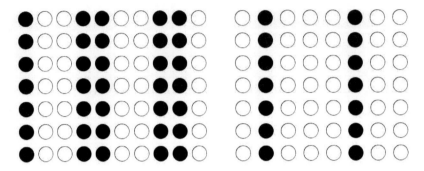

수분수 품종 50% 섞어 심기   수분수 품종 25% 섞어 심기

(그림 18) 수분수 배치 예(○ : 주품종, ● : 수분수 품종)

자두·매실

08 정지(整枝) 및 전정(剪定)

Plum

가 결과습성(結果習性)

　자두나무의 꽃눈은 지난해에 발생한 가지의 겨드랑눈(액아, 腋芽)에 잎눈(엽아, 葉芽)과 함께 겹눈(복아, 複芽)으로 맺히는데 꽃눈(화아, 花芽)만이 발생하는 경우도 있다. 그러나 끝눈(정아, 頂芽)은 거의 대부분이 잎눈이다. 꽃눈에서는 2~3개의 꽃이 피는데 이것이 동양계 자두의 특징이다(그림 19).

　열매가지(결과지, 結果枝)는 그 길이에 따라 장과지(長果枝), 중과지(中果枝), 단과지(短果枝), 꽃덩이가지(화속상단과지, 花束狀短果枝)로 나눈다. 장과지, 중과지, 단과지에는 겹눈이 많이 맺히는데 다음 해에 단과지 또는 꽃덩이가지의 각 잎 겨드랑이에 홑눈(單芽)으로 되어 있는 꽃눈이 모여 발생(密生)

꽃 눈

잎 눈

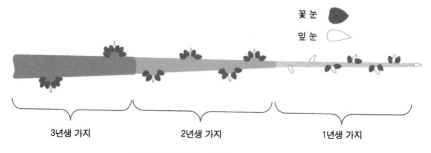

3년생 가지　　　　　2년생 가지　　　　　1년생 가지

(그림 19) 자두나무의 열매 맺는 습성 모식도

하고 기부와 끝눈에는 잎눈이 생겨 이것이 매년 조금씩 자라 복잡한 모양의 꽃덩이가지로 된다(그림 20). 장과지에 맺힌 과실은 낙과되기 쉬우나 15㎝ 이하의 단과지나 꽃덩이가지에 맺힌 것은 잘 자란다. 그러나 이런 열매가지는 4~5년이 지나면 늙어 약해지므로 항상 새로운 열매가지로 갱신해서 새로운 단과지 발생을 도모하도록 하여야 한다.

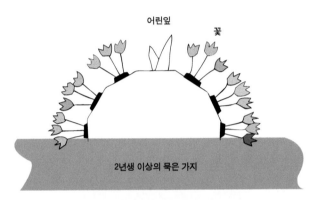

어린잎

꽃

2년생 이상의 묵은 가지

(그림 20) 꽃덩이가지(花束狀단과지) 모식도

나 정지법

자두나무는 꽃눈 발생이 쉽고 결과부위의 상승이 적기 때문에 반주간형(半主幹形), 배상형(盃狀形), 개심자연형(開心自然形) 및 울타리식 수형 등을 모두 이용할 수 있는데 가장 널리 이용되고 있는 것은 개심자연형이다.

(1) 개심자연형의 정지법

가. 원가지(주지, 主枝)

원가지 수는 3개(3本 主枝形)를 기본으로 한다. 원가지 수가 많으면 각 원가지의 부담이 줄어들어 원가지가 찢어지거나 처지는 경우가 적으나 수관(樹冠) 내의 결실부(結實部)가 좁아지고 원가지 간의 균형을 유지하기가 어려워진다. 반대로 원가지 수가 적으면 수관 내의 결실부가 넓어지고 햇빛과 바람이 잘 들어오며 여러 가지 작업이 편리하나 가지가 처지거나 찢어지기 쉽다. 따라서 비옥한 땅에서는 원가지 수를 2개 정도로 적게 하고 척박한 땅에서는 그보다 많은 4개 정도로 조절하는 것이 좋다.

원줄기에 대한 원가지의 분지각도(分枝角度, 가지가 발생되는 각도)가 좁을수록 원가지가 위로 서게 되어 생장이 왕성하나 분지점이 약하여 찢어지기 쉽다. 반대로 분지각도를 너무 넓게 하면 분지점은 강하게 되나 원가지가 연장됨에 따라 아래로 처져 나무를 입체화할 수 없다. 따라서 원가지 후보지를 고를 때에는 분지각도가 넓은 것을 선택한 다음 지주를 이용하여 자람 각도가 좁아지도록 유인하여 비스듬히 일어서도록 해준다. 이렇게 함으로써 성목이 되었을 때 제1원가지는 분지각도 60°에 발생각도 30°, 제2원가지는 분지각도 50°에 발생각도 25°, 제3원가지는 분지각도 30°에 발생각도 20° 정도로 되게 한다(그림 21).

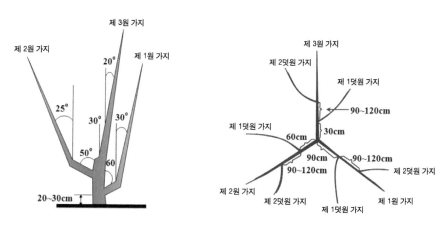

(그림 21) 개심자연형(3본형)의 수형 구성도

원가지의 발생 위치는 지표면으로부터 25~30cm에서 제1원가지를 내고 그곳으로부터 20~25cm 간격을 두고 제2, 3원가지를 배치한다. 원가지의 간격이 너무 가까워 바퀴살가지(車枝)로 되면 분지점이 약하여 찢어지기 쉽다. 또 비옥한 땅이나 나무 세력이 강한 품종의 경우에는 제1원가지를 지표면으로부터 30cm 정도에서 배치시키는 것이 공간을 입체적으로 이용하는데 유리하다.

성목이 되었을 때 원가지들의 세력은 모두 균등하여야 하는데 자두나무는 복숭아나무와 같이 아래쪽 원가지의 세력이 우세해지기 쉬우므로 3개의 원가지에 대하여 같은 취급을 하면 제3원가지의 세력이 가장 약하여 원가지 간의 균형을 유지하기 어렵다. 그러므로 제3원가지를 위로 서게 하고 결실을 제한시켜야 제1원가지의 세력이 약화되어 성과기가 되면 각 원가지가 균등한 세력으로 유지할 수 있다.

나. 덧원가지(부주지, 副主枝)

덧원가지의 수는 3개의 원가지일 경우에는 원가지 1개에 2~3개, 2개의 원가지일 경우에는 원가지 1개에 3~4개가 알맞다. 이들 덧원가지를 배치할 때에는 같은 순위의 덧원가지는 각 원가지에서 같은 편으로 배치하고 인접하는 덧원가지는 평행으로 곧게 신장시켜 서로 맞닿지 않도록 한다. 원가지에 배치할 덧원가지를 선정할 때에는 제3원가지에서 가장 먼저 덧원가지를 만들고 아래쪽의 원가지일수록 늦게 덧원가지를 형성시킨다. 만약 아래쪽의 원가지에 덧원가지를 먼저 붙이면 세력이 더욱 강해져 수형을 흩뜨릴 수가 있다.

덧원가지의 발생 위치는 지력(地力)에 따라서 조절되어야 하는데 제1덧원가지는 지상 75~90cm 위치에 발생되게 한다. 또 각 원가지 내에서의 배치도 제1원가지의 제1덧원가지는 원줄기에서 다소 멀게 하고 제3원가지에는 다소 가깝게 하는 것이 좋은데 일반적으로 제1원가지의 경우에는 원가지의 분지점으로부터 90cm 정도의 위치에 배치하고 제2원가지에서는 60cm, 제3원가지에서는 30cm 정도의 위치에서 발생된 것으로 배치한다. 덧원가지와 덧원가지 사이는 수직으로 90~120cm 떨어지게 하면서 제2덧원가지는 제1덧원가지로부터 90~120cm의 위치에 있게 한다(그림 21).

덧원가지는 원가지보다 세력이 약해야 하는데 만약 원가지의 등면(背面, 햇빛을 받는 윗면)에서 발생한 가지를 덧원가지로 이용하면 처음에는 원가지보다 약하나 점차 세력이 강해져 원가지 연장지의 세력을 억누르게 되므로 원가지의 측면(側面)이나 사면(斜面)에서 발생한 가지를 이용하는 것이 가장 좋다(그림 22).

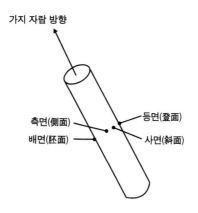

가지 자람 방향

측면(側面)
배면(胚面)
등면(즭面)
사면(斜面)

(그림 22) 가지의 발생 부위

또한 덧원가지의 형성 시기가 너무 빠르면 원가지보다 강해지기 쉬우므로 제3원가지에는 재식 3년째에 그리고 제2원가지와 제1원가지에는 4년째에 제1덧원가지를 선정하고 제2덧원가지는 제1덧원가지를 결정한 1~2년 후에 선정하도록 한다.

다. 곁가지(측지, 側枝)

곁가지는 원가지 및 덧원가지에 배치되어 열매가지를 발생시키는 가지이다. 덧원가지 기부(基部)에는 비교적 넓은 간격으로 큰 곁가지를 붙이고 선단부로 갈수록 짧고 작은 곁가지를 붙여 원가지나 덧원가지를 중심으로 긴 삼각형이 되게 한다. 곁가지는 해가 갈수록 장대해지고 결과부위도 상승하게 되므로 어느 정도의 표준 크기가 유지되도록 알맞게 갱신하여야 한다. 곁가지는 수직으로도 충분히 간격이 유지되도록 하여 서로 햇빛을 방해하지 않도록 입체적으로 배치하여야 한다.

라. 전정의 실제
1) 유목(幼木, 어린 나무)

유목의 전정은 정지(整枝, 골격 형성)에 주안점을 두고 하여야 한다. 유목일 때에는 가지의 발생이 많고 세력이 더욱 강한 자람가지(발육지, 發育枝)가 많이 나오게 되므로 강전정을 하게 되는데 이렇게 강전정을 되풀이하게 되면 점점 더 생장을 자극하여 단과지 형성이 나빠지게 된다. 특히 '산타로사'나 '뷰티'와 같은 품종은 이런 경향이 뚜렷하다. 따라서 원가지, 덧원가지 등 장차 골격지가 될 가지 이외에는 원가지나 골격지의 연장에 방해되는 가지를 솎아 주는 정도로 한다. 그러나 가지의 발생이 적은 '솔담'은 골격지 이외의 가지도 약하게 잘라 새가지(신초, 新梢)의 발생을 도와주어야 한다. 원가지나 덧원가지를 잘라주면 가지 끝의 눈에서 세력이 좋은 2~3개의 새가지가 발생되므로 연장지로 키울 새가지 이외의 것은 순지르기(적심, 摘芯)와 순비틀기(염지, 捻枝)를 하여 세력을 약화시켜야 한다.

○ 정식 1년째(묘목을 심는 해)

1년생 묘목을 심은 다음 지상 60~90㎝ 정도(뿌리 발생 정도나 묘목의 충실도를 고려하여 더 짧게 자르기도 한다)에서 잘라 원줄기로 한다. 2차지(부초, 副梢)가 발생한 묘목일 때에는 그 기부(基部)에 잎눈 1~2개를 남기고 자른다. 남겨진 잎눈으로부터 새가지가 10㎝ 정도 자라면 발생 각도와 위치가 좋은 3개의 원가지 후보지를 골라 지주를 세워 비스듬히 일어서도록 유인하고 나머지는 기부에서 자른다.

○ 정식 2년째

겨울전정 때에 3개의 원가지를 선단부 1/3~1/4 정도에서 바깥눈(그림 23)을 두고 잘라 곧게 연장시킨다.

바깥눈 자름   안눈 자름

(그림 23) 바깥눈과 안눈 자름전정에 따른 새가지 발생 방향

부초는 햇빛이 잘 들어올 수 있도록 적당한 간격을 두고 솎아낸다. 원가지 안쪽의 가지(내향지, 內向枝)는 기부에서 자르고 남긴 가지는 선단부만 약간 자르거나 그대로 둔다. 원가지 연장지 바로 밑의 1~2개 새가지는 세력이 강하여 원가지 연장지와 경쟁되어 그 세력을 약화시키므로 발생 초기에 기부에서 잘라 제거한다. 여름철에는 새가지가 많이 발생하여 밀생(密生)되기 쉬우므로 불필요한 가지는 솎아주고 특히 원가지 내에 발생하는 세력이 강한 가지는 일찍 솎아 버린다.

○ 정식 3년째

겨울철 전정은 지난해에 준하여 실시하면 되는데 가지는 적당한 간격으로 솎으며 원가지의 선단부에 있는 부초는 기부의 잎눈 위에서 잘라 버리는 것이 좋다.

여름철에 모든 가지에서 새가지의 발생이 왕성하여 잎 수가 많고 복잡해지므로 햇빛과 바람이 들어오는 것이 나빠지지 않도록 적당히 솎아 주어야 한다. 원가지 위에는 햇빛이 직접 닿지 않도록 등면(背面)에 작은 가지를 두어 일소(햇볕 뎀) 피해를 막아 준다. 이때가 되면 결실이 시작되는데 원가지의 선단부 가지들에는 열매가 맺히지 않도록 꽃봉오리와 꽃 솎기를 실시한다. 여름철에 수관 내부에 웃자란 가지(도장지, 徒長枝) 등 불필요한 가지가 발생하였을 때에는 발생 초기에 잘라 버린다.

○ 정식 4년째

겨울전정 때에는 원가지 연장지 전정과 곁가지의 배치는 지난해에 준하여 실시한다. 그러나 제3원가지에는 분지점으로부터 30㎝ 되는 곳에 원가지의 측면이나 사면(斜面)에서에서 발생한 곁가지 중에서 제1덧원가지를 선정한다. 이때 너무 강한 곁가지를 덧원가지로 선정할 필요는 없고 오히려 세력이 중정도인 곁가지를 선정하는 것이 원가지와 덧원가지 간의 세력 차이가 생겨 바람직하다.

원가지, 덧원가지에는 곁가지가 발생하게 되는데 원가지나 덧원가지 밑에 있는 곁가지는 그늘이 지기 때문에 좋지 못하고 등면(背面)에서 발생한 곁가지도 다른 가지를 그늘지게 하므로 기부에서 솎아내고 옆으로 비스듬히 발생한 것을 적당한 간격을 두고 남겨 곁가지로 이용한다. 곁가지의 간격은 넓게 하며 남긴 것은 선단부를 약간 잘라 준다. 곁가지가 장과지일 때에는 선단부를 어느 정도 자르고 중과지나 단과지일 때에는 그대로 둔다.

이때가 되면 어느 정도 결실이 되므로 과다하게 결실되지 않도록 한다. 여름철에는 웃자람가지나 불필요한 가지가 발생하였을 때에는 발생 초기에 기부에서 잘라 버리거나 어느 정도 자란 후에는 밑을 비틀어 가지의 세력을 약화시킨다.

○ 정식 5년째

겨울전정은 지난해에 준하여 실시하면 되는데 곁가지를 잘못 다루면 결실부가 위로 올라가게 되므로 주의하여야 한다. 제1원가지에는 그 분지점으로부터 약 90㎝, 제2원가지에는 약 60㎝ 위치에서 제1덧원가지를 붙이며 제3원가지에는 제1덧원가지와 반대 방향으로 90~120㎝ 간격을 두고 제2덧원가지를 선정한다. 원가지와 덧원가지의 선단부에는 결실되지 않도록 한다.

여름에는 불필요한 곳에서 발생한 가지는 일찍 솎아 햇빛과 바람이 수관 내부로 잘 들어오도록 해준다.

○ 정식 6년째 이후

이때가 되면 수형이 확립되므로 수관을 확대하여야 된다. 겨울전정을 할 때에는 원가지와 덧원가지의 연장지를 지금까지보다 약간 짧게 잘라서 계속하여 강한 새가지가 발생되도록 한다. 그러나 이때에는 원가지나 덧원가지가 아래로 처질 염려가 있으므로 바깥눈이 아닌 안쪽으로 발생된 눈을 두고 자른다. 제1원가지와 제2원가지에 제2덧원가지와 제3덧원가지를 1~2m 간격을 두고 선정한다.

곁가지는 원가지나 덧원가지 위의 선단부에서 기부까지 좌우에 서로 엇갈리게 배치하며 아래쪽의 곁가지, 열매가지에도 햇빛이 잘 들도록 항상 그 크기와 간격에 주의하여야 한다.

(2) 기타 수형

가. 올백촛대식 수형

올백 수형을 기본으로 지상으로부터 50㎝ 높이의 원줄기로부터 경사가 약 30도인 덕에 3개의 원가지를 경사 위 방향으로 곧게 키우고 그곳에 곁가지와 열매가지를 붙인다(그림 24).

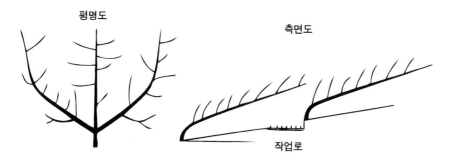

평명도

측면도

작업로

(그림 24) 자두나무의 올백촛대식 수형

표 23 ▶ 수형별 수관면적과 수량

품종	수형	원줄기 둘레(cm)	수관폭 (m)	수관길이 (m)	수관면적 (㎡)	나무당 수량(cm)	수관면적당 수량(㎏/㎡)
대석조생	평덕식	68.3	5.3	7.1	29.6	35.3	1.5
	올백촛대식	78.8	5.3	4.7	22.3	39.7	1.8
솔담	평덕식	42.8	5.1	6.5	19.8	34.9	1.8
	올백촛대식	44.6	4.2	4.7	17.9	35.9	2.0

※ 자료 : 次田充生, 田中誠介. 1998. 農耕と園藝 53(3):86-88.

나무를 심는 1년째에는 묘목을 지상으로부터 약 50㎝에서 자르고 2년째에는 발생된 가지 중 3개를 강하게 자른다. 3년째에는 3개의 원가지를 덕면에 유인하되 선단은 비스듬히 일어서도록 유인하지 않으며 다소 강하게 자른다. 4년째 이후에는 원가지를 곧게 키우고 원가지 간격을 균일하게 하며 각각의 원가지에는 곁가지, 열매가지를 배치시킨다. 곁가지는 길어지지 않도록 일찍 갱신한다. 나무의 아래 부분에는 약한 열매가지를 사용한다. 여

표 24 수형별 수관면적과 수량

품종	수형	부위	과실무게(g)	착색도(0-10)	당도(%)	시기별 수확과 비율 (%)					1과당 수확시간(초)
						6/7	6/9	6/11	6/13	6/16	
대석조생	올백촛대식	상	73.9	4.2	9.3	4	26	13	31	25	4.8
		중	73.9	3.7	9.0	1	17	13	40	29	3.6
		하	67.2	3.5	8.2	1	5	8	35	50	4.7
	평덕식		78.9	3.7	7.9	2	17	12	36	33	3.1
솔담						6/27	6/30	7/2	7/7	7/11	
	올백촛대식	상	103.4	2.7	11.9	16	38	20	19	6	5.9
		중	101.9	2.4	11.7	11	28	27	19	15	5.1
		하	98.9	2.2	10.7	10	22	20	20	28	6.6
	평덕식		101.4	2.3	10.3	19	25	25	19	12	3.9

※ 자료 : 次田充生, 田中誠介. 1998. 農耕と園藝 53(3):86-88.

름철에는 원가지의 등면으로부터 발생한 강하고 굵은 웃자람가지는 제거
한다.

경사지에서의 올백촛대식 수형은 평지에서의 평덕식과 비교하여 새가
지 자람, 수량, 과실 품질 등에서는 우수하지만 과실 품질, 수확시기가 고르
지 못한 결점이 있다. 원가지의 수가 3개인 경우의 나무 간 거리는 '대석조
생'에서는 6m 정도, '솔담'에서는 5m 정도로 한다.

이 수형으로 재배할 경우 주의할 점은 경사도에 따라 덕의 경사 각도를
조절하여야 한다는 것이다. 또 나무의 아래 부분에 열린 과실은 착색이 좋
지 않으므로 아래 부분의 가지 배치에 주의해야 하며 나무 아래 부분의 작
업성이 나쁘기 때문에 과수원의 기반 정비가 필요하다.

나. 덕식 수형

이 수형은 '태양' 품종의 결실 안정을 위해 개발된 수형으로 덕면의 높이
는 2m 정도로 하고 유인을 위한 철선은 30㎝ 간격으로 설치한다. 심는 거리
는 4×4m로 하였다가 점차 축벌(縮伐), 간벌(間伐)을 실시하여 마지막에는

8×8m가 되게 한다(그림 25~27).

　이 수형으로 재배하는 경우의 장점을 요약하면 다음과 같다.

○ 수평지가 확보됨으로써 결실이 안정된다.

○ 개심자연형보다 수량이 증가한다.

○ 인공수분과 열매솎기가 철저하게 이루어질 수 있어 대과생산이 가능하다.

○ 수관 선단부와 기부의 과실 간의 품질과 착색 차이가 적어진다.

○ 적숙과(適熟果)의 판정이 쉬워지고 수확 노력이 적게 든다.

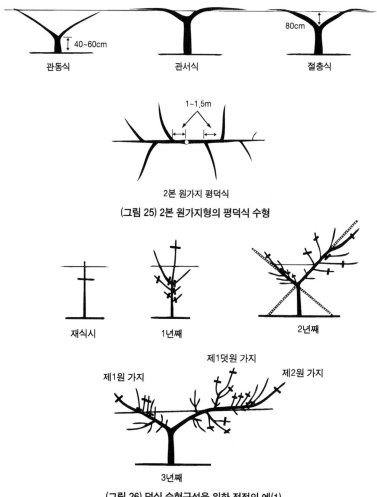

(그림 25) 2본 원가지형의 평덕식 수형

(그림 26) 덕식 수형구성을 위한 전정의 예(1)

나무심기

충실한 묘목을 골라
1~2m 높이에서 자른다.

1년째

선단부의 가지 하나를
강하게 키운다.
경쟁되는 새가지는
순비틀기를 해 준다.

1년째 유인후

45도 정도로 유인하고 선단을
강하게 자른다.
그외의 작은 가지는 가능한 한
많이 남겨 둔다.
선단부 가지의 유인각도가 넓으면
선단이 약해지기 쉽고 좁으면
강해져 다음해 덕면에 유인하는
것이 어렵다.
따라서 유인은 9월 중에 시작한다.

2년째

선단을 강하게 키운다.
선단부는 1.5~2m 길이의 새가지가 3개
정도 발생될 정도가 좋다.
생육기에 등면으로부터 발생된 자람
가지를 눈따기나 순비틀기로 억제한다.
제1원가지 후보지를 선택한다.

2년째 유인후

원가지를 보다 더 유인(9월에 유인)
하여 덕면에 가까워지게 한다.
발생 위치와 각도가 좋은 곁가지
중에서 덧원가지 후보지를 결정하고
원가지의 선단과 같은 식으로 강하게
잘라 세워 준다.
다른 곁가지는 모두 덕면에 눕힌다.
결실 확보와 골격지 강화를 도모한다.

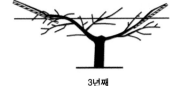

3년째

제2원 가지를 덕면에 눕힌다. 이후에 순차적으로
제1원 가지, 덧원가지를 덕에 유인하지만
수관 확대가 계속되는 때에는 골격지의 선단은
지주를 받쳐 강하게 키운다.

(그림 27) 덕식 수형구성의 예(2)[松波. 1996. 農耕と園藝 51(10):164-166]

○ 수확기는 앞당겨지지만 과실 품질에는 차이가 없다.

○ 햇빛이 가지의 윗면에만 닿게 되므로 이곳으로부터 자람가지가 많이
발생한다.

○ 골격지 선단을 제외한 모든 가지를 덕에 유인하기 때문에 선단부가
약해져 기부로부터 장과지와 자람가지가 많이 발생한다.

○ 중장과지와 단과지가 모두 열매가지로 이용된다.

○ 사다리 작업이 필요하지 않다.

덕식 재배의 작업 소요시간

품종	수형	전정, 유인(분/주)	수확(분/100과)
태양	덕식	133분	2분 20초
	개심자연형	22분	6분 52초

※ 자료 : 松波. 1996. 農耕と園藝 51(10):164-166.

표 26 **덕식 재배에 따른 과실의 규격별 비율**

품종	수형	1989~1991년(%)					1994년(%)						
		3L	2L	L	M	S	5L	4L	3L	2L	L	M	S
태양	덕식	25	50	27	7	1	34	30	20	9	3	3	1
	개심자연형	1	21	43	30	5	7	18	32	18	13	4	8

※ 자료 : 松波. 1996. 農耕と園藝 51(10):164-166.

다. Y자형

Y자형 재배는 초기 수량을 높일 수 있을 뿐만 아니라 가온 및 무가온 촉성 시설재배와 노지 비가림재배에 의한 품질 향상도 기대할 수 있다(그림 27, 28).

심는 거리는 6×1.5m(111주/10a), 5×1.5m(133주/10a)가 적당하나 덧원가지 배치는 조기 밀식장해를 일으킬 우려가 있으므로 가급적 피한다.

재식 1년째부터 유인이 이루어져야 하므로 나무를 심는 해에 Y자 지주를 설치하고 곁가지나 열매가지를 유인하기 위해 18번 철선, 코팅와이어 또는 특수도금 강선을 50㎝ 간격으로 가설한다.

재식 1년째에는 가능한 생육이 왕성하도록 나무를 키운 다음 이듬해 겨울전정을 할 때 원줄기를 유인하여 제2원가지 후보지로 선정하고 원줄기에서 발생된 새가지 중 지면으로부터 50cm 위치의 것을 유인하여 제1원가지 후보지로 선정한다. 분지각도는 Y자 수형이 완성된 때 원가지 간의 내부각도가 70~80°가 되도록 유인한다. 내부각도가 이보다 넓어지면 원가지의 등면으로부터 많은 웃자람가지가 발생되므로 바람직하지 않다.

재식 2년째에는 원가지 후보지와 경쟁이 되는 가지는 5월 중하순에 가지 비틀기를 실시하거나 순지르기를 실시하여 세력을 억제시켜 준다. 재식

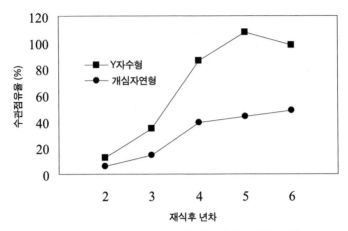

(그림 28) 자두 대석조생의 Y자형 재배 시 수관 점유율 변화
(원예연구소 사과시험장, 1998)

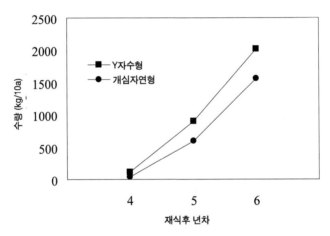

(그림 29) 자두 대석조생의 Y자형 재배 시 수량 변화
(원예연구소 사과시험장, 1998)

3년째에는 원가지 후보지에 50~60㎝ 간격으로 곁가지와 열매가지를 지선(支線)에 유인하여 결실시킨다.

재식 4년째부터는 본격적으로 결실이 되는 시기이므로 원가지 연장지에 열매가 맺혀 세력이 떨어지지 않도록 주의한다. 또한 여름전정을 실시하여 원가지의 등면에서 발생되는 웃자란 가지를 제거하여 수관 내부의 광 환경을 좋게 한다.

다 전정 방법

자두나무는 품종별 생장 습성이 다르기 때문에 전정 방법도 달리하여야 하는데 나무의 자람새, 열매가지의 발생 양상에 따라 크게 대석조생형, 솔담 및 포모사형, 산타로사형 및 태양형 그리고 뷰티형으로 나누어진다(표 27).

(1) 대석조생형

솔담형 품종들에 비해 새가지 발생 수는 많지만 산타로사형의 품종보다는 적다. 자람가지를 자름전정한 경우 그 선단의 2~3개의 눈으로부터 강하고 굵은 새가지가 발생하지만 그 외의 눈으로부터는 중단과지가 발생한다. 유목기에는 특히 굵고 강한 새가지가 많이 발생하지만 솔담형보다는 꽃눈의 발생이 적어 초기 결실 연령이 늦고 직립하기 쉬워 큰 나무로 되기 쉽다. 가지는 솔담형이나 산타로사형보다 단단해서 굵은 가지를 유인할 때 부러지거나 찢어지기 쉽다. 성목이 되면 새가지 발생 수가 적어지며 연약한 가지가 되기 쉽다.

일단 세력이 약해진 가지는 강한 자름전정을 하여도 강한 가지로 되지 않는다. 또한 한 가지 내에서는 잎눈이 없는 부위가 있으므로 강한 자름전정을 할 때에는 세심한 주의가 필요하다.

표 27 ▶ 새가지 발생 상태에 따른 품종 구분

새가지 발생 상태	대표 품종	유사 품종
가지 선단부터 기부까지 새가지 발생이 쉬운 품종	산타로사, 태양	조생산타로사, 레이트솔담(세력이 강할 때) 메슬레이
가지 선단의 2~3개 눈에서만 새가지가 발생되고 기부에서는 발생되지 않는 품종	솔담	포모사, 대석중생, 켈시 레이트솔담(세력이 약할 때)
중간형태	대석조생	뷰티

가. 유목 전정

골격형성에 주안점을 두고 전정을 실시한다(그림 30). 웃자람성이 있는 새가지 발생이 많기 때문에 강전정이 되기 쉬우며 그 결과 생장을 자극하여 단과지 형성과 꽃눈 발생이 나쁘게 된다. 또한 이런 가지에는 열매가 맺혀도 자라는 동안에 생리적 낙과가 일어나기 때문에 너무 강전정이 되지 않도록 주의한다. 따라서 자름전정보다는 솎음전정 중심으로 전정하되 원가지 및 덧원가지 후보지만은 약간 강하게 자름전정을 한다.

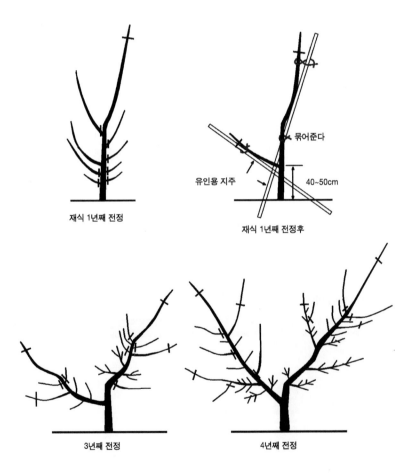

(그림 30) 2본 원가지형의 개심자연형 수형 구성

나. 성목 전정

결실기에 접어들면서부터는 곁가지 및 열매가지를 중심으로 전정을 실시한다. 이 시기에는 단과지 발생이 좋아 약간 일어선 가지에도 과실을 붙이면 새가지 신장이 둔화된다. 성목기가 되어도 직립성이 강하기 때문에 가능한 한 개장시킬 수 있도록 곁가지 전정에 신경을 기울여야 한다. 자름전정 및 솎음전정을 할 때에는 자르는 면이 가능한 한 작게 되도록 하고 큰 경우에는 티오파네이트메틸 도포제(톱신페스트)를 발라 건조를 막고 상처를 보호하여 주도록 한다.

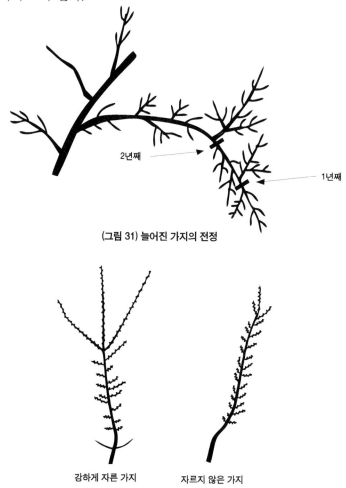

(그림 31) 늘어진 가지의 전정

2년째

1년째

강하게 자른 가지

자르지 않은 가지

(그림 32) 대석조생형의 단과지 형성

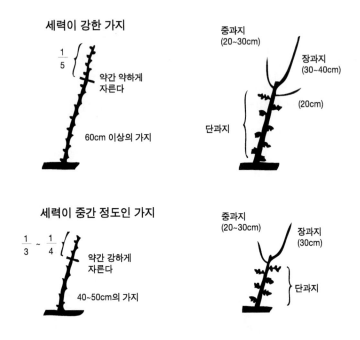

세력이 강한 가지

$\frac{1}{5}$

약간 약하게
자른다

60cm 이상의 가지

중과지
(20~30cm)

장과지
(30~40cm)

(20cm)

단과지

세력이 중간 정도인 가지

$\frac{1}{3}$ ~ $\frac{1}{4}$

약간 강하게
자른다

40~50cm의 가지

중과지
(20~30cm)

장과지
(30cm)

단과지

(그림 33) 자름전정 정도와 꽃눈 발생 - 대석조생형

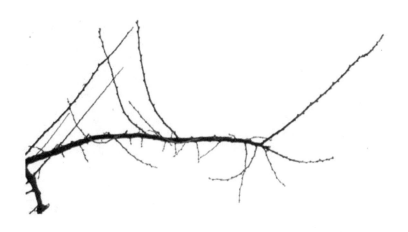

(그림 34) 대석조생 품종의 가지 발생 양상

(2) 솔담 및 포모사형

새가지 발생이 적고 굵기 때문에 자름전정을 가미하지 않으면 꽃덩이가지 발생이 많고 초기 결실연령이 빨라지며 조기 풍산성 및 개장성으로 되기 때문에 쇠약한 나무가 되기 쉽다. 따라서 나무가 어릴 때에는 전체적으로 강하게 자름전정을 실시하여 나무를 일으켜 세우는데 주안점을 두어야 한다.

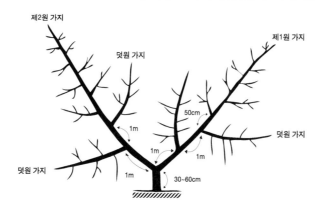

(그림 35) 자두 솔담형에서의 2본주지 수형 구성

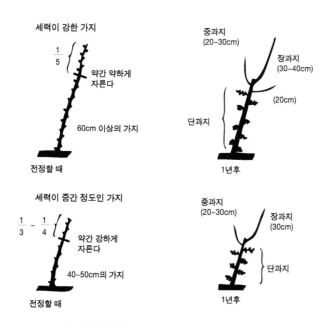

(그림 36) 자름전정 정도와 꽃눈 발생 - 솔담형

특히 유목기에도 결실량이 많아 새가지 선단부의 1~2눈만이 강하게 자라고 나머지 새가지는 약하게 되어 나무의 세력이 급격하게 떨어지기 쉽다. 결실의 주체는 꽃덩이가지이지만 건전한 열매가지 확보를 위해 자름전정을 많이 가미하도록 한다. 또한 굵은 가지를 자르더라도 다른 품종과는 달리 말라죽는 부작용은 없으므로 약간 강전정을 시도하여야 한다(그림 36).

(3) 산타로사 및 태양형

가지의 어느 부위에서나 새가지 발생이 좋은 품종들로(그림 37) 꽃눈발생은 산타로사형이나 대석조생형의 중간 정도이다. 초기 결실기는 '솔담'보다 늦으며 유목기에는 직립한 새가지 발생이 많고 강하며 직립수형이 되기 쉽고 나무가 크게 자라는 습성을 가지고 있다. 따라서 성목이 되면 솎음전정과 유인을 위주로 하여 나무를 개장시키도록 노력하여야 한다. 굵은 가지를 자르면 나무가 말라죽는 경우가 있으므로 주의가 필요하다. 결실의 주체는 단과지와 중과지로서 나무의 세력이 강하면 꽃눈 수가 적을 뿐만 아니라 생리적 낙과가 많으므로 세력조절에 노력한다(그림 38).

일본에서는 '산타로사' 성목에서 결과 부위를 효과적으로 구성하기 위한 전정방법의 하나로 갈기식을 사용하고 있다(그림 39). 이 방법은 직립한 강한 가지를 강하게 자름전정하여 예비지를 만든다. 다음 해에 선단부로부터 발생된 강한 가지를 다시 강하게 자르고 그 아래의 가지들은 적당한 간격으로 배치하여 결과부위를 구성한다. 이 방법은 3~4년에 걸쳐 완성되는 것으로 성목에 있어서 원가지나 덧원가지 기부가 텅텅 비는 현상을 방지하고 나무의 세력을 유지할 수 있는 전정방법이다.

(그림 37) '태양' 품종의 가지 발생 양상

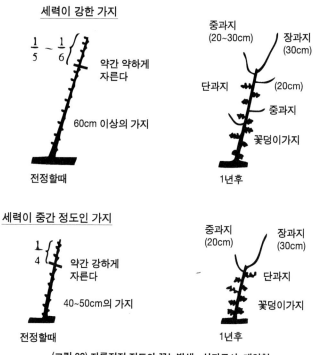

(그림 38) 자름전정 정도와 꽃눈발생 - 산타로사, 태양형

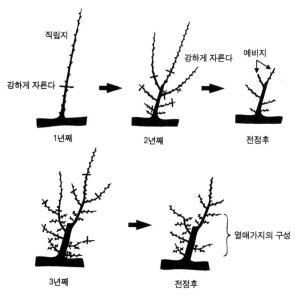

(그림 39) 갈기식 전정법(산타로사형)

(4) 뷰티형

이 품종형에는 '뷰티'만이 속하는 유형으로 자가결실성이 어느 정도 있기 때문에 풍산성이 되어 나무의 세력이 떨어지는 경우가 많다. 유목기에는 가지 발생이 많지만 결실량이 증가됨에 따라 세력이 떨어지며 가지가 찢어지거나 부러지기 쉬운 특성이 있으므로 결실량 조절에 힘써야 한다. 또한 유목기에는 강한 자름전정을 하여 나무의 세력 유지에 힘쓰도록 한다.

라 생육기 새가지 생장 모습과 나무의 세력

새가지 생장은 나무의 영양 상태, 전정의 강약, 비배관리 등에 따라 다르지만 새가지 발생 및 자람 정도, 잎 색 등의 관찰에 의해 나무 세력의 적정성 여부를 판단할 수 있다. 일반적으로 새가지 발생이 많고 생장이 왕성하면 나무의 세력이 강하고, 반대로 새가지 발생이 적고 쇠약한 경우에는 약하다고 표현한다. 나무의 세력은 낙엽기에 쉽게 판단할 수 있는데 첫서리가 내리면 낙엽되기 시작하여 된서리가 내린 후에 일제히 낙엽되는 나무는 세력이 정상적이다. 그러나 된서리가 내려도 새가지 선단 5~6매의 잎이 낙엽되지 않으면 세력이 강하다고 표현한다. 또 이듬해 1월에 접어들어서도 새가지 선단 1~2매의 잎이 그대로 붙어 있는 경우가 있는데 이런 나무는 세력이 매우 강하다고 표현할 수 있고 반대로 첫서리가 오기 전에 낙엽이 완료된 나무는 세력이 매우 약하다고 말할 수 있다.

자두나무에서 세력이 너무 강하면 단과지(꽃덩이가지 포함) 발생이 적음과 동시에 새가지 생장이 왕성한 자람가지가 많아져 꽃눈 발생량이 적고 충실도가 떨어져 이듬해 결실에 나쁜 영향을 미치게 된다. 반대로 나무의 세력이 약한 경우에 발생한 새가지는 가늘고 꽃덩이가지나 단과지화되어 빈약한 가지만 발생되기 때문에 꽃눈 발생량은 많으나 불완전화 발생률이 높아 결실에 나쁜 영향을 미치게 된다.

(1) 나무 세력이 강한 상태

유목기에 많이 나타나는 현상으로 강전정이나 질소 과다 등에 의해 발생되기 쉽다. 일반적으로 원가지나 덧원가지의 선단부 근처에서 발생하는 새가지는 생장이 왕성하며 부초도 발생된다. 곁가지나 굵은 가지 등의 굽은 부위 또는 원줄기의 부정아 등에서 발생한 새가지를 방치할 경우 웃자라게 된다. 이러한 새가지는 굵고 길며 마디는 길어지고 잎 크기도 커지게 된다.

'산타로사', '태양' 등과 같이 새가지 발생이 많아 밀생(密生)하기 쉬운 품종은 장과지가 많고 중과지나 단과지는 매우 적어지며 꽃눈 발생량도 적어지게 되며 초기 결과연령도 늦어지게 된다.

'솔담', '대석중생' 등과 같은 새가지 발생량이 적은 품종은 선단부에서 발생된 새가지만이 왕성하게 되고 그 외의 가지는 빈약한 꽃덩이가지가 되어 발생된 꽃눈은 충실도가 떨어지고 빈약해져 꽃자루가 짧은 기형화 발생이 많다. 이러한 가지는 이듬해 말라죽게 되어 결실부위는 높아지게 된다.

'대석조생' 및 '뷰티' 등과 같은 중간 형태의 품종들은 굵은 장과지와 가늘고 빈약한 단과지 발생이 많아 우량한 과실이 생산될 수 있는 중과지 발생이 적어진다. 전체적으로 보아 나무의 세력이 강한 나무의 잎 색은 약간 진하며 세력이 약한 나무는 황색기가 보인다.

(2) 나무 세력이 약한 상태

모든 품종에서 나무의 세력이 약하게 되면 새가지의 생장량은 적고 가는 가지가 많아지고 아래로 처지게 된다. 꽃눈 발생량은 많게 되지만 개화 시 꽃의 크기가 작아지고 꽃기관(암술, 수술, 씨방 등)도 작아지거나 일부분이 없는 불완전화를 발생시킨다. 잎은 대체적으로 안쪽으로 말리게 되며 잎 색은 황색기를 나타내나 '대석조생' 및 '포모사'는 단풍색(적황색)을 나타내기도 한다.

09 토양관리 및 거름주기

P l u m

토양관리는 최고 과실을 생산하기 위해서 단편적인 지식보다 과수원 토양 관리 방법을 종합적으로 고려하여 실시할 필요가 있다. 과수 재배는 다년간 재배하여 원하는 생산물을 얻을 수 있기 때문에 지속적으로 고품질의 과실을 원하는 생산성을 유지하기 위해서는 장기적인 안목이 필요하다. 과수원 토양관리는 사람들이 관리할 수 있는 부분과 할 수 없는 부분으로 나눌 수밖에 없다. 지형과 토성 등 과수원 조건은 본래 타고난 자연적인 조건으로 변경 또는 개량하는 데 비용 부담이 많아 우선적으로 주어진 여건을 최대한 이해하여 활용할 필요가 있다. 따라서 기본을 이해하고 경제성을 고려하여 통합적인 생각을 가지고 응용할 수 있어야 합리적인 토양관리가 가능하다.

표 28 ▶ **자두나무 생육에 적당한 토양 물리화학성**

물리성	경사도	토성	토심	배수성
	15% 이하	사양토~식양토	100cm 이상	양호

화학성	pH(1:5)	유기물 (g/kg)	유효인산 (mg/kg)	치환성 양이온(cmol/kg)			양이온 치환용량 (cmol/kg)
				K	Ca	Mg	
	6.0~6.5	25~35	200~300	0.3~0.6	5.0~6.0	1.5~2.0	10~15

가 표토관리

표토관리는 토양 수분 함량 및 지온 변화와 밀접한 관계를 갖고 있다. 3월까지는 증발산량이 적기 때문에 일반적인 토양조건에서는 가뭄 피해를 받지 않는다. 그러나 4월부터는 지온이 올라가고 새싹이 돋아나 물의 소모가 증가되기 시작한다. 봄철에는 나무의 증산으로 인한 토양 수분의 소모보다는 토양 표층에서 증발에 의한 소모가 더 많기 때문에 가뭄 시기에는 토양 증발량을 줄이기 위해 피복 재배를 선택하는 것이 바람직하다. 피복재배는 피복된 재료에 의하여 풀이 자라지 못하게 하여 재배관리를 수월하게 할 뿐만 아니라 인위적으로 토양수분 함량을 조절하는데 이용된다. 보온덮개를 피복할 때는 가뭄 시기에는 수관 하부에 보온덮개가 덮이도록 하여 가뭄 피해를 줄이고 장마기에는 수관 하부에서 골 사이로 옮겨 수관 하부의 수분 함량을 줄여주어야 한다. 볏짚 피복은 봄철 가뭄 피해를 줄이는데 도움을 줄 수 있으나 이동이 곤란하여 장마기에 토양수분 함량이 많을 때는 도움이 되지 않는다. 초생재배에서 풀을 베는 방법은 전체 포장을 일시에 베는 것보다 골마다 절반씩을 베어 응애나 진딧물이 잡초에 계속적으로 살 수 있는 여건을 조성해야 나무로 올라가는 것을 억제할 수 있다. 봄철 표토관리 방법은 각각의 방법마다 장·단점이 있으므로 포장 조건 및 농가 여건에 따라 달라져야 한다.

과수원은 표토(表土)관리 방법에 따라 토양의 물리·화학적 성질뿐만 아니라 나무의 생육과 과실의 품질이 다르게 된다. 표토관리 방법은 일반적으로 청경재배, 초생재배, 멀칭재배 및 절충재배방법이 있는데 방법마다 장·단점이 있어 나무의 나이, 과수원의 위치, 토성 및 농가 조건에 따라 다르게 선택하여야 하며 경우에 따라서는 농가 현실에 맞는 2~3종류의 방법을 절충하여 관리하는 것이 합리적이다.

(1) 초생재배

과수원에 작물을 재배하거나 자연적으로 발생한 잡초를 키우는 것이 초생재배이다. 초생재배는 나무 밑에 풀이 자라야 하기 때문에 햇빛이 부족하여도 잘 자랄 수 있는 풀, 근군이 깊지 않아서 과수가 이용할 양분이나 수분과 경합을 일으키지 않는 풀, 과수에 병충해를 옮기지 않는 풀을 골라서 재배하여야 한다. 밀의 경우 풀을 베는 시기에 따라 환원되는 질산태 질소 양이 다르게 되는데 1000㎡당 생육 일수가 20일 때 베면 19kg 정도, 40일에는 8.4kg, 성숙기인 85일에는 0.84kg이 되돌려진다. 베는 시기가 늦을수록 유기물로서의 효과는 커지는데 호밀을 5월 상순경에 베면 1000㎡당 건물중(乾物重)은 500~600kg 내외가 된다.

잡초 방제를 위해 호밀을 심는다면 1000㎡당 10~15kg을 가을에 파종하여 다음 해에 베어주면 되고 쓰러뜨려 다시 일어나지 못하게 할 때는 파종량을 늘려주는 것이 효과적이다. 헤어리베치를 이용한 초생재배는 호밀과 마찬가지로 월동기에 토양 침식을 예방하고 봄에 자라서 질소를 고정하는 목적으로 이용한다. 파종 방법은 월동 전에 3~5cm 정도 자라야 월동이 가능하므로 10월에 파종하는 것이 적당하다. 파종량은 2~7kg/10a이다. 헤어리베치를 재배하면 점박이응애의 천적인 포식 응애의 월동 서식처를 제공하며 건물(乾物)로 500kg/10a의 유기물을 공급할 수 있고 연간 1000㎡에서 10~15kg 내외의 질소를 공급받을 수 있다. 많은 식물체를 얻기 위해서는 9월에 파종하여야 한다.

(2) 멀칭재배

멀칭재배는 볏짚, 왕겨, 풀 등을 덮어주는 방법과 보온덮개나 비닐 등을 피복하는 방법을 생각할 수 있으나 목적은 토양침식 방지와 토양수분을 유지하기 위한 것 그리고 잡초 발생을 억제하는 것이다. 또한 유기물 재료인 볏짚이나 풀 등의 피복은 비료의 공급 효과와 토양 유기물 함량을 높일 수 있는 이점도 있다. 그러나 잡초 방지를 위한 짚 멀칭을 하기 위해서는 1000㎡당 1,000kg의 볏짚이 필요하므로 경제적으로 부담이 많다. 따라서 최근에는 보온덮개를 이용하여 나무 밑 잡초 발생을 방지하고 토양 수분을 유지하는 방법이 이용되고 있으나 이 방법은 보온덮개를 뒤집어주지 않으면 보온덮개 위에 풀이 발생하여 곤란을 겪게 된다. 폴리프로필렌(PP) 필름의 경우 이동시켜 주지 않아도 되는 장점은 있으나 풀이 전혀 자라지 않기 때문에 토양물리성 향상은 기대하기 힘들다. 최근에는 한쪽은 보온덮개, 한쪽은 은박필름으로 일조를 좋게 하는 재료가 개발되어 쓰이고 있다.

(3) 절충재배

절충재배란 청경재배, 초생재배 및 멀칭재배를 혼합하여 가장 합리적인 방법을 이용하는 것으로 가장 많이 이용되는 방법은 나무와 나무 사이는 초생을 하고 수관 아래는 깨끗이 관리하는(청경) 것이다. 또는 수관 아래는 멀칭재배를 하여 잡초 발생을 억제하고 나무와 나무 사이는 청경재배를 하는 경우도 있다. 가장 좋은 방법은 과수원의 위치나 토양조건, 나무의 상태와 농가의 능력을 고려하여 선택하는 것이 바람직하나 우리나라에서 가장 효과적인 방법으로는 과수원 면적이 적을 경우 나무 밑은 보온덮개나 볏짚 또는 폴리프로필렌 필름으로 피복하여 풀이 나는 것을 방지하고 골 사이는 화본과 목초, 헤어리베치 또는 자연 초종 등이 자라도록 하여 토양침식을 방지하고 유기물의 공급원으로서 이용도 하는 것이다. 그러나 과수원 면적이 넓을 때는 수관 아래를 피복하거나 풀을 키우면서 제초를 하는 것은 노동력이 많이 들어 현실적으로 불가능하다. 이 때문에 친환경적이지는 않지만 노동력을 줄이기 위하여 제초제를 이용하여 수관 아래의 잡초를 관리할 수도 있지만 자연환경 보존 측면에서 결코 바람직하지 못하다.

표토관리는 나무 나이, 기후, 과원의 위치, 토양비옥도 등에 따라 관리방법이 다르나 평지에 위치한 성목원에서 열간은 초생재배하고 나무 밑은 청경하는 부분초생재배가 적합하다.

나 수분 관리

물 관리는 토양관리 중 가장 기본적인 작업으로 크게 둘로 나누면 물을 빼는 배수와 물이 없을 때 물을 주는 관수로 나눌 수 있으나 배수는 지형과 토양조건에 따라 매우 다른 결과를 가져올 수 있고 환경보전 측면에서도 고려할 점이 많아 관수는 재배기술로 많은 부분을 해결하고 있다.

(1) 배수

○ 배수는 기본적으로 토양 스스로가 적당한 수분을 유지하거나 방출하는 능력을 갖을 수 있게 입단형성이 되도록 관리하는 것이 중요하다.

○ 겉도랑 배수는 배수량이 많고 지표면에 물이 고이며 배수면적이 넓을 때 사용한다.

○ 속도랑 배수는 지선과 간선 시설을 연결하는 등 시설에 드는 비용이 크지만 땅에 묻어 지표면의 변화가 적기 때문에 과수원 작업에는 편리하다.

○ 속도랑 배수 시설의 깊이는 토성과 지하수위에 따라 다르나 일반적으로 깊이는 60~100㎝, 넓이는 45~75㎝ 정도이다. 설치 간격은 깊이의 8배로 하고 있으나 참흙(양토, 壤土) 12배, 모래흙(사토, 沙土)에서는 18배 정도이면 충분하므로 변형 하여 설치하는 것이 좋다.

(2) 관수

가. 관수의 효과

○ 관수방법에 따른 효율은 점적관수 90%, 스프링클러 60~80%, 고랑관수 50~60%이다.

○ 관수는 토양 내 양분의 유효도를 증대시켜 무기양분의 흡수를 원활하게 하며 생리장해 발생도 줄일 수 있다.

나. 관수방법 및 시기

○ 관수방법은 표면관수, 살수관수, 점적관수 등이 있으며 각각의 장·단점이 있다.

○ 관수 시기는 토양의 수분이 부족할 때 적정 수분 함량에 도달하도록 관수하여야 한다.

○ 관비 및 관수를 동시에 할 수 있는 토양수분 감지센서에 의한 자동관수방법도 활용할 수 있다.

현재 토양수분 함량이 15%인 넓이 1ha, 깊이 30㎝인 과수원 토양을 적정 수분 함량인 25%로 맞추기 위하여 관수하고자 하는 경우 토양수분 함량 계산의 예는 다음과 같다.

면적은 1ha(3,000평)이며 토양 30㎝ 깊이까지 관수하면 1ha는 10,000㎡이고 30㎝는 0.3m이므로 1ha의 부피는 3,000㎥이다. 토양수분 함량은 10%가 부족하므로 3,000×0.1=300㎥(톤)가 물로 채워야 할 공간이다(흙 가비중을 1로 가정한 경우).

즉 식으로 표현하면 아래와 같다.

면적×관수하고자 하는 토양 깊이×부족한 수분 함량 = 관수할 물 양

따라서 1ha에 300톤의 물이 필요하므로 관정의 수량(水量)도 여기에 적합하여야 하며 점적관수로 할 때는 절반으로 가능하다.

그림 40은 토성에 따라 점적관수 후 물의 흐름을 나타낸 것으로 모래가 많이 섞인 토양은 일시에 관수하는 것보다 나누어 관수함으로써 관수되는 범위를 넓힐 수 있는 것을 볼 수 있다.

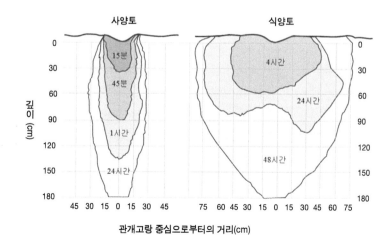

(그림 40) 토성별 관수 후 수분 분포 양상

다 거름주기

(1) 양분 흡수 특징

자두나무는 개화 후 80~95일경에 수확할 수 있는 조생종 품종에서부터 140일 이후에 수확되는 극만생종 품종도 있기 때문에 양·수분 흡수 과정 및 시기가 품종에 따라 차이가 심하다. 또한 각 비료 성분에 대한 민감도도 다른데 특히 다른 과수에 비해 질소질 비료에 대한 반응이 대단히 민감하기 때문에 주의하지 않으면 안 된다. 즉 과잉에 의해 초기 결실이 나빠지는 경우는 적지만 착색을 늦추고 생리적 낙과를 유발시키는 경향이 높다. 반대로 결실량이 많은 경우 질소 부족 현상이 나타날 것으로 예상되지만 외관상 큰 변화는 나타나지 않는다. 그러나 과실의 단맛과 신맛이 너무 낮아 맛없는 과실이 되는 경우가 많다. 또한 자두는 전년도 저장양분에 의해 품질이 크게 좌우된다. 특히 '대석조생'이나 '뷰티' 등과 같은 조생종은 저장양분만으로 생산된다고 말해도 과언은 아니다. 따라서 웃자랄 정도의 새가지 생장이 이루어지는 것은 막아야만 한다. 이를 위해서는 특히 질소 비료의 과용을 삼가고 퇴비 및 밑거름은 반드시 낙엽 직후부터 땅이 얼기 전에 주도록 한다.

(2) 거름 주는 시기

가. 밑거름(基肥)

밑거름은 뿌리의 활동이 시작되기 전에 주는 것이 좋다. 질소를 많이 필요로 하는 시기는 새가지 및 어린 과실의 생장이 왕성해지는 초기 비대기이므로 밑거름을 빨리 주는 것이 좋다. 비료분이 근군 분포 부위까지 도달하는데 상당한 시일이 걸리기 때문에 뿌리의 활동이 시작된 다음에 깊이갈이(심경, 深耕)와 더불어 밑거름을 주면 생장하는 새 뿌리가 끊어져 저장 양분의 손실이 커진다. 특히 봄 가뭄이 심할 때 거름을 주면 다음에 비가 내릴 때까지는 비료분이 흡수되지 못하여 비료효과(肥效)가 늦게 나타나서 과실의 품질을 떨어뜨리고 생리적 낙과를 유발하기 쉽다. 그러므로 밑거름은 땅이 얼기 전에 주는 것이 좋다. 특히 퇴비, 두엄, 기타 유기질 비료는 분해되어 흡수 이용되기까지는 상당한 시일이 걸리므로 이 시기에 주는 것이 좋다. 이 시기에 밑거름을 주지 못한 경우에는 봄에 땅이 풀린 즉시 끝내도록 하여야 한다.

나. 웃거름(追肥)

비료분이 유실(流失)되기 쉬운 사질토 또는 척박한 땅에서는 생육 후기에 비료분이 부족되기 쉬우므로 열매거름인 칼리를 위주로 속효성 질소비료의 웃거름이 필요한 때가 많다. 그러나 경핵기(硬核期, 과실의 핵이 딱딱해지는 시기인 5월 하순~6월 상순)에 질소가 과다하면 낙과되기 쉽고 성숙기에 과다하면 숙기가 늦어짐과 동시에 품질이 떨어지므로 웃거름을 줄 때에는 질소질 비료는 특별한 경우가 아니면 생략하는 것이 좋다. 웃거름을 주는 시기는 5월 하순~6월 상순이다.

다. 가을거름(秋肥)

과실의 품질을 높이기 위해서는 성숙기에 질소가 약간 부족한 상태가 좋다. 또 수확기가 빨라 낙엽기까지의 기간이 길기 때문에 질소 비료를 가을거름으로 주면 그 효과가 크다. 자두나무의 꽃눈은 7월 하순~8월 하순에 걸쳐 분화하기 시작하는데 그 후 영양 상태에 따라 꽃눈의 충실도가 좌우되고 다음 해 초기 생육은 저장양분에 의존하므로 수확 후 잎의 동화작용(광합성)을 왕성하게 하여 저장양분을 많이 축적시킬 수 있도록 하는 것이 중요하다.

가을거름을 주는 시기는 여름 고온기를 지나 뿌리의 활동이 다시 시작되는 8월 하순~9월 상순이며 주는 양은 1년 동안 줄 양의 10~20% 정도로 하되 나무 세력에 따라 가감한다. 세력이 강한 나무에 대해서는 거름 주는 것을 피한다. 거름 주는 양이 지나치거나 그 시기가 늦어지면 부초의 생육이 왕성하여 불완전화의 원인이 될 뿐만 아니라 내한성도 약해지게 된다.

(3) 거름 주는 양과 시기별 비율

비료를 주는 양은 품종, 토양 및 기상조건, 비료의 종류 등의 여러 요인에 따라 달라서 일률적으로 말하기가 어렵다. 그러나 비료 주는 양은 토양 중의 양분함량이 가장 차이가 많기 때문에 중요하게 영양을 미친다. 자두나무의 나이에 따라 주는 양과 시기별로 나누어주는 비율은 대체로 (표 29~30)과 같다.

표 29 자두나무에 대한 거름 주는 양(성분량)

(단위: kg/10a)

나무 나이	질소	인산	칼리	개량 목표
1~4년	2~6	1~3	1~4	퇴비: 2톤
5~8년	7~12	4~6	6~9	석회: 2~3년마다 200kg
8~성목	12~18	6~9	9~15	붕소: 2~3년마다 2~3kg

표 30 자두나무에 대한 거름 나누어 주는 비율

비료성분	밑거름(%)	웃거름(%)	가을거름(%)
질소	70	10	20
인산	100	0	0
칼리	60	40	0

(4) 거름 주는 방법

나무 둘레에 주는 윤구(輪溝) 시비법, 골을 방사상으로 파고 주는 방사구(放射溝)시비법, 도랑식으로 골을 파고 주는 조구(條溝)시비법, 과수원 전면에 비료를 주고 갈아엎는 전원(全園)시비법 등이 있다(그림 41). 품종, 나무 나이, 토양 조건 등에 따라 하나 또는 두 가지 방법을 함께 사용한다. 윤구, 방사구, 조구시비법은 그림 41과 같이 구덩이를 깊이 파고 파낸 흙에 먼저 필요량의 석회를 섞는다. 그 다음으로 유기물과 인산질 비료를 섞어서 구덩이에 넣고 마지막으로는 석회를 섞은 흙으로 덮는다.

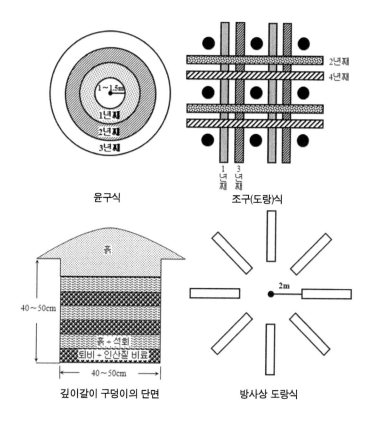

윤구식

조구(도랑)식

깊이갈이 구덩이의 단면

방사상 도랑식

(그림 41) 깊이갈이 및 거름 주는 방법

    자두나무 뿌리의 대부분이 수관의 넓이와 비슷하거나 약간 넓게 분포되어 있으므로 뿌리의 손상을 줄이고 비료 효과를 높이려면 이웃나무와 수관이 맞닿지 않는 유목기에 윤구시비와 방사구시비를 하는 것이 적당하다. 윤구시비는 방사구시비보다 토양의 청경 효과가 크고 비료 효과도 높지만 많은 노력이 소요되므로 재식 후 2~4년째까지 하는 것이 경제적이고 그 후 성목이 될 때까지는 방사구 시비를 하는 것이 경제적이다. 그러나 토양이 척박하여 깊이갈이를 할 필요가 있을 경우에는 윤구시비가 좋다. 성목원에서는 나무 사이에 가로 또는 세로로 길게 고랑을 파고 비료를 주는 조구시비를 하거나 과수원 전면에 비료를 살포하고 갈아엎는 전원시비를 한다.

한편 물 빠짐(배수)이 나쁜 과수원에서는 윤구시비 구덩이나 방사구시비 구덩이가 물구덩이가 되어 나무의 생육을 오히려 해롭게 하는 경우도 있다. 이런 경우는 별도로 물 빠짐 시설을 설치하거나 물이 잘 빠져나갈 수 있는 방향으로 도랑을 파서 물이 잘 빠지게 하여야 한다. 이때 자갈, 모래, 전정한 나뭇가지 등으로 배수구나 도랑을 메워서 속도랑 배수가 되게 하고 그 윗부분에 거름을 주는 조구시비가 바람직하다. 전원시비는 과수원 전면에 비료를 살포하는 방법으로 성목원에 적합한 방법이다. 전원시비를 할 경우에는 표토에만 거름이 주어지기 쉬워 뿌리가 비료분이 뿌려진 쪽으로 자라는 향비성(向肥性)에 의하여 뿌리가 천근화(淺根化)되어 건조 피해나 동해를 받을 우려가 있으므로 주의하여야 한다. 또한 경사지에서는 윤구시비 또는 방사구시비를 하고 평지에서는 전원시비와 아울러 때때로 어느 정도 깊은 고랑시비(심층시비)를 하는 것이 바람직하다. 칼슘이나 인산 등 이동성이 낮은 성분은 땅속 깊이 줄수록 비료 효과가 크므로 이들 비료는 심층시비를 하는 것이 바람직하다.

(5) 비료의 종류

질소, 인산, 칼리(칼륨), 마그네슘(고토), 석회, 붕소 등의 단일 성분을 함유하는 단종비료(單肥)와 몇 가지 성분이 혼합된 복합비료(複肥, 2종 복합비료)가 있다. 그 밖에 무기양분과 유기양분을 혼합한 3종 복합비료도 있고 엽면살포용인 4종 복합비료도 있다.

가. 질소질 비료
요소(성분량 46%)와 유안(20%)이 주로 이용된다.

나. 인산질 비료
용성인비(20%)와 용과린(20%)이 있는데 신개간지 또는 산지를 개간한 과수원은 4~5년은 구용성(枸溶性)인 용성인비가 유리하고 성목원인 경우는 구용성과 수용성이 들어있는 용과린이 유리하다.

다. 칼리질 비료

염화칼리(60%)와 황산칼리(50%)가 주로 이용된다.

라. 붕소 비료

붕사, 붕산 등으로 주어지는데 자두 재배농가는 거의 주지 않는 경향이 있어 2~3년마다 10a당 2~3kg을 주어 붕소결핍이 일어나지 않도록 하여야 한다.

마. 4종 복합비료(영양제)

토양에 준 비료가 비로 유실되거나 토양산도가 부적합하거나 병충해 또는 침수 피해로 인하여 뿌리가 정상적인 영양 흡수 기능을 못할 때 응급조치로 엽면시비를 하게 되는데 이때 사용하는 것이 4종 복비이다.

바. 부산물 비료

○ 부산물 비료는 유기질 및 부숙 유기질 비료, 미생물비료로 나눈다.
○ 부산물 비료는 종류가 다양하며 같은 종류의 비료라 하더라도 부숙 정도나 재료의 혼합 비율에 따라서 크게 다르다.
○ 유기질 비료는 어박, 골분, 유박류, 가공계분, 깻묵, 혼합 유기질, 증제피혁분, 맥주오니, 유기복합 등 18종이 있다.
○ 부숙 유기질 비료는 가축분 퇴비, 퇴비, 부숙겨, 분뇨잔사, 부엽토, 건조축산폐기물, 가축분뇨발효액, 부숙왕겨, 부숙톱밥 등 9종이다.
○ 미생물 비료는 토양 미생물제제가 속한다.
○ 최근에는 산업폐기물로 나오는 유기재료를 비료화하여 유기질비료로 판매하고 있는 경우도 있어 구입 사용 시에는 각별한 주의가 필요하다.
○ 농가에서 가축분뇨와 농산물 부산물로 만들어 사용하는 것이 안전하다.
○ 시중에 판매되는 유기질 및 부산물 비료의 성분량을 분석한 결과 전 질소 함량이 많은 것은 1.75%이고 인산 함량은 4.85%까지 있어 많이 사용할 경우 양분 과다로 나타날 수 있다는 것을 보여주고 있다.

표 31 ▶ 시판 유기질 및 부산물비료 성분분석 결과(현물중)

구분	수분 (%)	pH	EC (dS/m)	유기물 (%)	전질소 (%)	P_2O_5 (%)	K_2O (%)	CaO (%)	MgO (%)
최소	12.4	6.6	4.0	9.6	0.23	0.19	0.06	0.04	0.03
최대	87.8	10.0	54.1	53.4	1.75	4.85	1.47	1.85	0.39

※ 자료 : 농촌진흥청 국립농업과학원 시험연구보고서

1) 유기물의 시용

○ 유기물의 시용은 목적에 따라서 다르게 되므로 유기물의 성질 파악 → 유기물 선택 → 토양성질 파악 → 시용량 결정 → 유기물을 구입 또는 자가 생산 순으로 실시한다.

○ 가축분뇨 등의 유기물은 화학성분 함량이 많으므로 많이 넣으면 좋다는 생각은 과비에 의한 양분 손실과 수질 및 토양의 오염을 가져올 수 있다.

2) 현행 퇴비 시용의 문제점 및 대책

○ 대부분의 농가에서 가축분과 일반 퇴비가 구분이 안 되고 있다.

○ 퇴비 종류별 양분 함량을 고려한 시용이 필요하다.

○ 비료로서의 효과가 높은 계분, 돈분은 성분량을 고려한 시용량 결정이 필수적이다.

○ 시판되는 퇴비의 양분 함량은 다량의 양분이 함유되어 있으므로 그 함량을 충분히 고려하여 사용하여야 한다.

(6) 엽면시비

가. 목적

○ 토양에 시비하는 대신 양분을 잎을 통하여 신속히 흡수시키는 목적으로 일시적인 효과를 목적으로 한다.

나. 이점

- ○ 토양 중에서 흡수하기 어려운 무기양분(Mn, Zn, Cu, Fe) 흡수에 유리하다.
- ○ 적은 양으로도 효과가 빨리 나타나므로 작물의 영양 조절이 가능하다.
- ○ 완효성 무기양분의 시용에 좋다.
- ○ 토양조건이 나쁘거나 뿌리의 기능이 약할 때 유리하다.
- ○ 시비기를 조절할 수 있으며 농약과 혼용할 수 있다.

다. 문제점

- ○ 엽면살포 횟수가 많아지면 뿌리의 기능이 떨어질 수 있고 필요 이상으로 살포하게 되면 비용 증가로 생산비가 증가한다.
- ○ 고온기 농약과 혼용 시 약해가 발생할 우려가 있다.

라. 요소가 엽면살포에 적합한 이유

- ○ 단백질 구성분인 NH_2와 CO_2로 되어 있으며 이용된 후 부성분을 남기지 않는다.

표 32 ▶ 비료요소별 엽면살포제와 살포 농도

구분	엽면살포제	살포농도
질소	요소 ($CO(NH_2)_2$)	생육 후기: 0.5%, 수확 후: 4~5%
인산	제1인산칼륨 (KH_2PO_4)	0.5~1.0%
칼리		
칼슘	염화칼슘 ($CaCl_2 \cdot 2H_2O$)	0.5%
	질산칼슘 ($Ca(NO_3)_2$)	
마그네슘	황산마그네슘 ($MgSO_4$)	1~2%
붕소	붕사 ($Na_2B_4O_7 \cdot 10H_2O$)	0.2~0.3%
	붕산(H_3BO_4)	
철	황산철 ($FeSO_4 \cdot 5H_2O$)	0.1~0.3%
아연	황산아연 ($ZnSO_4 \cdot 7H_2O$)	0.25~0.4%

○ 요소는 분자 크기가 작아서 잎 표면의 세포를 투과하는데 유리하다.
○ 단백질을 만드는데 요소의 형태가 적합하다.

라 과수원 토양의 물리성 개량

(1) 토양 물리성 개량 목표

과수원 토양의 물리성 개량 목표는 표 33과 같다. 토양 물리성을 개량한다는 것은 토성, 배수정도, 유효토심, 공극률, 지하수위 등 토양의 구조적인 특성을 나무 생육에 유리한 방향으로 고쳐 나간다는 것을 의미한다. 과수는 뿌리가 깊게 뻗는 심근성이기 때문에 나무가 건전한 생육을 유지하기 위해서는 유효토심이 60㎝ 이상은 되어야 하나 조건에 따라서는 20~30cm 작토층과 그 아래 물 빠짐이 잘되는 조건을 갖춘다면 충분할 것이다.

표 33 ▶ 과원 토양의 물리성 개량 목표

구분	항목	목표치
물리성	유효토심	60cm 이상
	토양경도	18mm(山中式)
	지하수위	1m 이상

(2) 토양의 경도 및 공극률 향상 방법

과수원의 토양 경도를 낮추고 공극률을 높이기 위한 토양 물리성 개량방법에는 깊이갈이와 폭기식 심토파쇄 방법이 있다. 최근 개발된 폭기식 심토파쇄기에는 비료를 공급할 수 있는 기구가 부착되어 있기 때문에 토양 깊숙이 석회 등을 동시에 시용할 수 있어 토양의 물리화학성을 동시에 개량하는 가장 효과적인 방법으로 떠오르고 있다.

가. 깊이갈이(심경)에 의한 방법

깊이갈이에 의한 토양 물리성 개량방법은 토양 전체를 뒤집어 주는 방법으로 물 빠짐을 촉진하고 공극률을 높일 수 있으나 일시에 많은 뿌리가 잘릴 수 있고 심토에 점토질이 많을 때는 깊이갈이 후 고인 물로 인하여 일시적인 습해가 발생하여 나무의 생육이 좋지 않을 수도 있다.

따라서 깊이갈이는 답(畓)전환 과원과 같이 점토질이 많거나 물 빠짐이 나쁜 곳의 토양 물리성 개량 방법으로는 적절치 못할 때가 있다. 답전환 과수원은 물 빠짐만 원활하게 이루어지면 논의 성질이 점차 밭의 성질로 바뀌게 되므로 물 빠짐이 잘 되도록 겉도랑 또는 속도랑 배수를 실시하고 주변의 논으로부터 물이 스며들지 않도록 조치를 취하는 것이 매우 중요하다.

나. 폭기식 심토파쇄에 의한 방법

1) 처리 방법

처리 방법은 기종에 따라 파쇄 반경을 고려하여 실시하는데 트랙터에 부착된 심토파쇄기의 경우 공기압력을 10kg/㎠로, 파쇄기 끝을 40~50㎝ 깊이까지 들어가게 한 후 일시에 80ℓ의 압축 공기를 보낸다. 이런 방법으로 나무 수관 아래를 따라 2~3m 간격으로 실시한다. 최근에는 휴대용 심토파쇄기도 판매되고 있어 좁은 면적을 처리하기에 적합하다.

2) 처리 시기

폭기식에 의한 처리 방법은 깊이갈이보다 나무 뿌리의 손상이 적으므로 생육이 왕성한 시기를 제외하고는 계절에 관계없이 실시할 수 있으나 안전한 시기는 늦가을에서 이른 봄까지이다. 장마기간 중이나 장마가 끝난 직후 물 빠짐을 좋게 하기 위하여 뿌리 근처에 처리하면 습해를 받기도 하며 이후 가뭄 피해를 받을 수도 있다.

3) 물리성 개량효과

폭기식 심토파쇄 처리는 토양의 공극률이 높아지고 물 빠짐 속도가 증가하고 전용적밀도(全容積密度, 가비중)가 낮아지는 등의 효과(표

34)로 인하여 뿌리의 밀도를 높일 수 있다. 그러나 모래가 많은 사질토 양은 점질토보다 그 효과가 떨어지며 처리 간격도 좁혀야 하나 물 빠짐 이 잘된다면 심토파쇄는 처리 효과가 적다. (표 35)는 2년간 처리 후 사 과 과실의 특성을 나타낸 것으로 과중, 착색 등이 배수 효과로 인하여 좋 아지는 것을 볼 수 있다.

표 34 ▶ **폭기식 심토파쇄에 의한 물리성 개량 효과(식양토)**

구분	물 빠짐 속도 (cm/h)	전용적 밀도(가비중) (g/cm3)	공극율 (%)
1회 (봄)	1.08	1.40	46.8
2회 (봄, 여름)	1.62	1.33	49.4
무처리	0.25	1.44	45.2

※ 자료 : 박진면. 1997. 한국원예학회지 38:137-141.

표 35 ▶ **폭기식 심토파쇄에 의한 과실(사과 '후지') 특성 변화(식양토)**

구분	과중(g)	착색(1~10)	당도(°Bx)
1회 (봄)	282.1	8.7	14.7
2회 (봄, 여름)	296.1	8.8	15.0
무처리	253.9	8.3	15.1

※ 자료 : 박진면. 1997. 한국원예학회지 38:137-141.

최근에는 폭기식 심토파쇄를 하면서 심층에 비료나 석회를 함께 넣을 수 있 는 방법이 새롭게 이용되고 있다. (표 36)은 폭기식 심토파쇄를 할 때 토양 검 정 시비량의 석회 및 인산 시용 효과를 나타낸 것이다. 표층에서는 유효 인산 이나 석회 함량이 차이가 없으나 토심 40~50㎝에서는 전층시비 처리구에서 인산과 석회 함량이 월등히 높은 것을 볼 수 있었다. 따라서 인산이나 석회는 토양에서 이동이 잘되지 않기 때문에 폭기식 심토파쇄기를 이용한다면 보다 효과적으로 전층시비를 할 수 있을 것으로 생각되었다. (그림 42)는 폭기식 심 토파쇄 시 석회 주입을 밖으로 나타낸 장면이다.

표 36 폭기식 심토파쇄에서 석회 및 인산비료 전층시비 효과

구분(토심)	처리	유효인산 함량 (mg/kg)	치환성 칼슘 함량 (cmol/kg)
0~10cm	표층시비	698	5.6
	심토파쇄 + 전층시비	692	5.9
20~30	표층시비	605	5.6
	심토파쇄 + 전층시비	657	5.9
40~50	표층시비	414	4.7
	심토파쇄 + 전층시비	515	5.8

(그림 42) 폭기식 심토파쇄 장면

(그림 43) 휴대용 폭기식 심토파쇄기

(3) 배수

가. 겉도랑(명거) 배수

과수원의 토양관리에서 물 빼기는 가장 중요한 작업이다. 대표적인 것으로는 겉도랑 배수를 들 수 있다. 겉도랑 배수가 원활하게 이루어지기 위

해서는 과수원 표토의 경사가 5% 내외여야 한다. 따라서 과수원을 조성하는 경우 완전히 평편하게 평탄작업을 하는 것보다는 약간의 경사(5% 내외)를 두어 조성하는 것이 훨씬 유리하다.

나. 속도랑(암거) 배수

속도랑 배수는 유효 토층의 물을 빼내기 위한 것으로 비가 올 때 지하수위가 높은 과수원에서 물이 빨리 빠지지 않아 침수 피해를 받을 때 이를 해결하기 위한 방법의 하나이다.

속도랑 배수 시설을 설치하는데 있어서 가장 중요한 것은 배수관을 묻는 깊이와 폭이다. 지하수위가 문제가 될 때는 배수관 깊이가 120~140cm 정도인데 이는 물이 빠지는 깊이에서 스미어 올라오는 물의 높이(60~70cm 내외)를 감안한 것이고 유효토층 즉 뿌리 부위의 물이 제대로 빠지지 않아 나무 생육이 불량할 때 배수관의 깊이는 50~60cm 정도의 깊이에 설치하는 것이 유리하다. 배수관 간격은 깊이의 8~12배 정도로 설치한다.

속도랑 배수 시설을 설치할 때 주의할 점은 배수관에 경사가 없을 때 그 자체에 물이 고여 있는 경우가 있으므로 물 빠짐 효과를 높이기 위해서는 배수관이 경사를 갖도록 하며 배수 면적이 넓어 어려울 경우에는 과수원 전체에 속도랑 배수시설을 하는 것보다 물 빠짐이 안 되는 부분만 설치하여 효과를 높이는 방법이 좋다.

(4) 화학성 개량

우리나라 과수원은 화강암을 모암으로 이루어진 토양이 많기 때문에 원래 산성 토양이 많았다. 그러나 최근에 토양 분석을 해보면 과다한 석회 사용이나 가축부산물 비료 사용으로 산성 토양은 드물고 알칼리성 토양이 나타나고 있는 실정이다. (표 37)과 같은 화학성 목표치는 있으나 유기물을 제외하고 대부분의 양분들은 과다한 상태이고 특히 유효인산과 칼리 함량은 너무 많이 축적되어 있다. 따라서 시비량 결정은 관행에 준하지 말고 시비 처방(토양검정)을 통하여 결정하여야 한다.

표 37 **과수원 토양의 화학성 개량 목표**

구 분	항 목	목표 치
화 학 성	pH	6.0~6.5
	유효인산함량	200~300 mg/kg
	칼리	0.3~0.6 cmol/kg
	칼슘	5~6 cmol/kg
	마그네슘	1.2~2.0 cmol/kg
	유기물	25~35 g/kg

　　토양 화학성 개량 목표치에서 가장 중요한 것은 양분들 간의 함량비이다. 절대적인 숫자의 많고 적음보다는 양분들 간의 함량이 중요하다는 것이다. 칼슘과 마그네슘, 칼리 함량은 대체적으로 60:15:5% 정도로 유지되어 양이온 치환용량이 80%를 유지할 때가 좋다. 따라서 칼슘 함량이 증가하면 마그네슘과 칼리 함량도 증가하여야 길항작용으로 균형을 유지할 수 있다. 유기물을 목표치로 올리고자 가축 부산물 비료를 많이 시용하게 되면 유기물 함량의 목표치 도달보다는 인산이나 칼리 등 다른 양분이 과다하게 되어 많은 문제를 일으킨다. 가축 부산물 비료나 유기질 비료는 말 그대로 비료이기 때문에 절대적으로 시비량을 줄여야 하는데 1000㎡당 500kg이 넘지 않도록 하여야 한다. 현재 시판되는 각종 퇴비는 과거에 농가에서 이용했던 볏짚 퇴비가 아니다. 토양 산도가 알칼리성으로 된 과수원은 붕소나 철, 망간 등의 미량원소 부족 현상을 초래할 수도 있다. 따라서 이들 토양은 중성(pH 6.0~6.5)으로 교정하는 것이 좋으나 이것보다는 알칼리성 토양이 되지 않도록 사전에 주의하여야 한다.

10 결실관리(結實管理)

Plum

가 꽃눈 발달과 개화 결실

자두나무의 꽃은 4월 상중순에 개화하지만 꽃눈은 지난해 여름에 형성된다. 꽃눈은 잎눈과 형태적으로 똑같은 기관으로 나무의 내외적 조건에 따라 잎눈으로부터 꽃눈으로 전환되는데 잎눈으로부터 꽃눈으로 전환되는 시기를 꽃눈분화기라 한다. 꽃눈분화기는 대개 7~8월 중에 이루어지는데 '산타로사'는 7월 상순, '솔담'은 8월 중에 분화되는 것으로 조사되어 있다. 그러나 지역이나 기후, 재배관리 등에 따라 차이가 심하며 같은 나무 내에서도 부위나 가지의 종류에 따라 다르다. 따라서 꽃눈분화를 촉진시키기 위해서는 햇빛, 약간의 건조 조건이 요구된다.

나 결실을 좌우하는 조건

(1) 자가화합성(自家和合性)과 자가불화합성(自家不和合性)

대부분의 동양계 자두 품종은 자신의 꽃가루로는 수정이 이루어지지 않는 심한 자가불화합성(자가불결실성)을 가지고 있기 때문에 수분수 품종을 필요로 한다. '뷰티'와 '산타로사'와 같은 품종은 어느 정도의 자가화합성이 인정되지만 안정적인 결실량 확보를 위해서는 수분수를 섞어 심는 것이 반드시 필요하다. 이와 반대로 유럽계 자두는 자신의 꽃가루로도 충분히 결실되는 자가화합성인 품종이 많다.

(2) 타가화합성(他家和合性)과 타가불화합성(他家不和合性)

동양계 자두 품종들은 자가불화합성을 나타내어 수분수 품종이 필요하지만 품종이 다르다고 해서 모두 수분수 역할을 할 수 있는 것은 아니다. 즉 다른 품종의 꽃가루로도 정상적인 수정(受精)과 결실이 되지 않는 타가불화합성을 나타내는 경우가 흔하다. 따라서 하나의 주품종에 대해서는 2~3개의 수분수 품종을 함께 적정 간격으로 심어주는 것이 바람직하다.

(3) 개화기의 기상조건

동양계 자두나무는 매실, 살구 다음으로 개화기가 빨라 늦서리의 피해를 받기 쉽다. 기상조건이 정상적일 경우에는 수분 후 48시간이 지나면 50~70% 정도는 수정이 완료되어 결실될 수 있다. 즉 개화기 때 최고온도가 20℃ 이상으로 2일 정도 계속되면 안정된 결실을 확보할 수 있으나 최고온도가 15℃ 이하

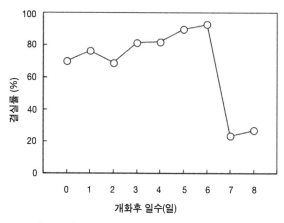

(그림 44) 자두 '솔담' 품종의 암술 수정 능력 보유 기간

일 경우나 바람이 초속 17m/s 이상일 경우는 방화곤충의 활동이 억제되어 수분(受粉)이 활발하게 이루어지지 않아 결실률이 줄어든다.

이와 같이 꽃이 핀 다음 며칠 동안 계속해서 기온이 낮거나 비가 오거나 바람이 많이 불게 되면 암술머리의 수정 능력 보유 기간(그림 44) 동안 수정될 수 있는 기회가 적어져 결실률이 낮아지게 될 뿐만 아니라 나쁜 기상요인이 암술의 수정 능력 보유 기간을 더욱 단축시킬 수 있다. 따라서 이런 경우에는 인공수분을 실시할 필요가 있다.

(4) 늦서리(晩霜) 피해

다른 핵과류 재배에서와 마찬가지로 자두나무의 개화기를 전후하여 내리는 늦서리가 결실에 큰 피해를 주는 경우가 많다.

가. 늦서리 내리는 조건

늦서리는 사방이 산으로 둘러싸인 분지이거나 낮에는 따뜻하다가 밤에 기온이 급격하게 떨어지는 내륙지방에서 발생하기 쉽다. 일반적으로 서리가 내릴 수 있는 날을 예측할 수 있는데 우리나라는 몽고 또는 시베리아 지방의 한랭전선과 함께 비가 온 2~3일 후 쌀쌀한 북풍이 불거나 저녁 무렵 바람이 없고 별이 유난히 밝은 날 또는 낮 최고온도가 15℃ 이하인 날, 해진 직후의 온도가 12℃ 이하인 날은 늦서리가 내릴 위험성이 있다.

온도가 떨어지는 것은 주로 야간에 이루어지는데 새벽 해뜨기 직전이 가장 춥다. 이러한 원인은 낮 동안 지표면이 받았던 태양 복사열이 밤에는 하늘로 방사(放射)되어 지표면이 냉각되므로 일어난다(그림 5). 기층(氣層)의 높이별 야간기온의 수직 분포는 지표면 가까운 곳의 기온이 더 낮은데 구름이 많은 날에는 지표면으로부터의 열방사가 구름에 의해 차단되므로 방사 냉각현상이 줄어들어 기온이 그다지 떨어지지 않는다. 그러나 바람이 없는 맑은 날이나 서리 상습지역(霜穴)에서는 지표면에 가까운 곳의 온도가 크게 떨어지고 있는 것을 알 수 있다(그림 45).

나. 늦서리 방지대책

개원할 때 찬 공기가 머무는 분지나 서리의 길목이 되는 산지 비탈진 면을 피하고(그림 11) 서리의 길목을 막을 수 있도록 방상림(防霜林)을 설치하며(그림 12) 개원을 할 때에는 내한성이 강한 품종이나 개화기가 늦은 품종을 선택하여 심도록 한다. 또 토양 표면으로 2m 이내에 위치한 꽃눈들의 피해가 심하므로(그림 45) 열매가지를 지표면에서 가까운 부분에만 많이 남기지 말고 넓게 배치한다. 세력이 약한 나무일수록 피해를 받기 쉬우므로 저장양분이 충분히 축적되어 충실하게 자라도록 키운다.

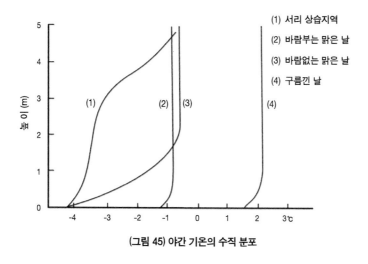

(그림 45) 야간 기온의 수직 분포

늦서리 방지를 위해 외국에서는 고체연료 연소법(燃燒法), 스프링클러에 의한 살수법(撒水法) 및 대형 선풍기를 이용한 송풍법(送風法) 등이 사용되고 있다.

1) 연소법(燃燒法)

개화기 전후에는 일기 예보를 매일 청취하고 위험이 있을 때는 과수원 내에 전정목, 왕겨, 톱밥 등을 태워서 나무와 지면으로부터 열을 빼앗기지 않도록 한다. 그러나 기온이 심하게 내려갈 때에는 이것으로는 불충분하므로 중유를 연소시켜 직접 온도를 높여준다. 연소기는 석유 드

럼통을 1/2로 자른 것을 사용하며 과수원에서 불을 피우는 위치와 개수는 중앙부가 바깥쪽보다 온도가 높으므로 바깥쪽에 많이 배치하고 내부는 넓게 배치하며 경사지는 찬 공기가 흘러가는 낮은 쪽에 많이 배치하여야 하는데 10a당 20~30개소 정도가 필요하며 1회 3시간 연소시킬 때 150~200ℓ의 중유가 필요하다. 또한 불을 피우는 시기 결정은 저항 한계 온도보다 1℃ 높은 온도에 달하는 때인데 통상적으로 지상 1m 높이의 기온이 0℃일 때 피운다. 불을 피울 때는 과수원 바깥부터 피우지만 경사지에서는 찬 공기가 흘러오는 방향에서 피운다. 기온은 해뜨기 직전이 가장 낮으므로 화력이 떨어지지 않도록 유의하여야 한다.

2) 살수법(撒水法)

나무에 연속적으로 물을 뿌려 얼음 피막(皮膜)을 만들어 나무의 온도를 0~-1℃로 유지시켜 줌으로써 동상해를 방지하는 살수법을 사용할 수도 있다. 이 방법을 사용하는 경우에는 물을 살포하는 시간 간격을 1분 이내로 하는 것이 안전하며 물은 스프링클러로 시간당 1~2㎜ 정도가 필요하나 20% 가량 나무에 부착하므로 실제로는 5~10㎜가 소요된다.

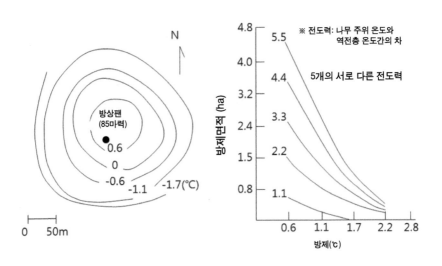

(그림 46) 서리 방지용 대형 선풍기(방상팬) 주위의 온도차

3) 송풍법(送風法)

높이 10m, 날개 길이 1m인 대형 선풍기(220V, 30마력)를 40a에 1개씩 설치하여 저온으로 내려가는 야간에 돌려 과수원 바닥 근처의 찬 공기와 위쪽 온도 역전층의 더운 공기(그림 5, 45)를 섞어 나무 주위의 온도를 높여주는 방법이다(그림 46).

다. 피해를 받은 후의 대책

피해를 받았던 나무는 잎의 장해도 많으므로 과다결실이 되지 않도록 하여야 하며 꽃이 피해를 받은 나무는 인공수분을 실시하여 결실량이 확보되도록 힘쓴다. 결실량이 적어지면 웃자란 가지가 발생하기 쉬우므로 새가지 관리를 철저히 하고 질소비료를 삼간다. 또 겨울전정을 할 때 약하게 전정하여 꽃눈이 많이 남도록 하여 이듬해 결실량 확보에 주력한다.

다 생리적 낙과(生理的 落果) 현상과 방지대책

자두의 생리낙과는 크게 3번에 걸쳐 일어나는데 첫 번째는 개화 직후, 두 번째는 개화 2~4주 후, 세 번째는 두 번째 낙과 후 3주째부터 일어난다(그림 47).

(1) 제1기 낙과

꽃은 암술과 수술로 이루어져 있는데 이 중 하나가 부족하거나 비정상적인 경우가 있다. 이러한 현상은 지난해 꽃눈분화기 때의 나무 영양 상태에 따라 영향을 받아 나타나는 것이다. 즉 결실 과다, 새가지의 재신장 등과 같은 나무 내부의 원인과 꽃눈분화기 때의 고온, 일조 부족 등의 좋지 않은 기상요인이 그 원인이다. 또한 꽃은 완전하나 개화된 꽃의 수가 많은 경우 꽃 서로 간의 경쟁에 의한 영양부족으로 낙과현상이 유발되기도 한다. 때로는 만개기 때의 지나친 건조에 의해서도 꽃 기관이 손상을 받아 수분(受粉) 및 수정 능력이 떨어져 낙과되는 경우도 있다.

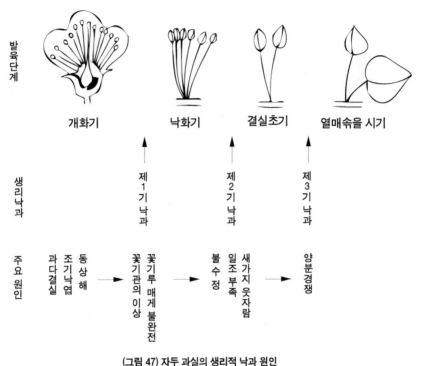

(그림 47) 자두 과실의 생리적 낙과 원인

표 38 제1기 낙과 비율

품종명	낙과율(%)
뷰티	40
포모사	40~45
산타로사	45~50
솔담	20~25
버뱅크그랜드프라이즈	20~25

(2) 제2기 낙과

개화 후 20일경부터 과실이 성냥의 화약 알 크기만 한 때에 열매자루와 어린 과실이 누렇게 변하여 낙과하는 것으로 꽃가루가 암술머리(주두, 柱頭)

에 수분되지 않았거나 수분은 되었으나 나쁜 기상조건(건조, 강우)에 의해 꽃가루가 발아하지 못한 경우, 또는 발아된 화분관이 신장을 정지하여 수정까지 이루어지지 못했을 경우에 발생한다. 자두나무에 있어서의 낙과현상의 대부분은 제2기 낙과인데 주로 나쁜 기상조건이나 수분수 선택의 잘못에 의한 경우가 많다.

(3) 제3기 낙과

과실이 대두(콩) 크기만 할 때부터 수확 전까지 계속해서 발생하는 것으로서 준 드롭(June drop)이라고도 한다. 이와 같은 낙과는 비대(肥大) 중인 과실 간 또는 과실과 새가지 간의 양분 경쟁에 의한 양분 분배의 불균형으로 종자 내의 배(胚)가 발육을 멈추거나 죽게 되어 일어난다. 일반적으로 밀식에 의해 강전정을 실시한 나무에서 과도한 영양생장이 계속되는 경우에도 많이 발생되며 질소 과다 및 밀식원에서의 햇빛 부족에 의한 탄수화물 생성 부족도 큰 원인의 하나이다.

(4) 생리적 낙과 현상 방지 대책

가. 제1기 낙과

건전한 수체 관리 및 결실량 조절에 의해 꽃눈분화기 때에 나무의 영양분이 부족하지 않도록 관리하여 충실한 꽃눈이 만들어지도록 하고 전정을 할 때에는 불필요한 쇠약지나 복잡한 열매가지를 세심하게 정리하여 꽃수를 제한한다.

나. 제2기 낙과

친화성이 높은 수분수 품종을 20~30% 정도 섞어 심고 개화기 때 저온, 강풍, 비 등 기상조건이 나쁠 경우에는 인공수분 등을 통해 수정률을 높이도록 하여야 한다.

다. 제3기 낙과

이때의 낙과는 새가지의 자람과 과실 비대 간의 양분 경쟁에 의해 일어
나므로 왕성한 자람가지나 웃자란 가지는 순지르기, 순비틀기 또는 유인 등
으로 세력을 약화시켜야 하며 질소 비료효과가 늦게까지 나타나지 않도록
시비량 및 시기를 조절하여야 한다.

라 열매솎기(적과, 摘果)

자두 열매솎기는 예비 열매솎기와 마무리 열매솎기로 나누어 실시되는데 1
차 열매솎기인 예비 열매솎기는 만개 후 30일경에 실시하고 마무리 열매솎기
는 늦어도 만개 후 50~60일까지 실시한다. 그러나 자두는 과실이 작고 수확기
가 빠르기 때문에 생리적 낙과가 적은 품종에서는 예비 열매솎기 위주로 실시
하고 마무리 열매솎기는 가볍게 실시한다.

열매솎기를 할 때에는 비대 정도와 모양이 나쁜 과실, 기형과 및 병해충 피
해과를 먼저 솎아내고 하나의 열매가지 내에서는 기부 쪽 과실과 잎이 적게 붙
은 쪽의 과실을 따내며 남은 과실에 대해서는 간격을 보아가며 솎아낸다. 또한
대과 생산을 위해서는 정상적인 과실이라도 열매를 솎을 당시 어린 과실 모양
이 원형에 가까운 것보다는 길쭉하고 납작한 것이 큰 과실로 되므로 그런 것을
남기는 것이 좋다(그림 48).

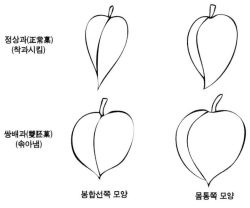

정상과(正常菓)
(착과시킴)

쌍배과(雙胚菓)
(솎아냄)

봉합선쪽 모양   몸통쪽 모양

(그림 48) 열매솎기할 과실

골격지가 되는 원가지나 덧원가지의 연장지 위에 맺힌 과실을 그대로 두게 되면 과실의 무게에 의해 가지가 아래로 늘어져 세력이 떨어져 수형을 나쁘게 할 수 있으므로 이들 가지에는 가능한 결실시키지 않도록 한다.

과실을 남기는 정도는 '대석조생'과 같은 과실의 크기가 중간 정도인 품종에서는 단과지 하나에 1과(果) 또는 6~8㎝당 1과를 기준으로 남기지만 잎 수가 많은 단과지나 세력이 강한 단과지에는 2과 정도를 남겨도 과실 비대에 큰 차이가 없다. 가지가 아래로 처져 세력이 약한 단과지에는 2개의 단과지에 1과를 남긴다. 한편 과실이 큰 '솔담', '산타로사'와 같은 품종들에서는 단과지 하나당 1과 또는 8~10㎝당 1과를 남긴다.

11 병해충 방제

가 병해

(1) 주머니병(보자기열매병, 囊果病, Plum pocket)

Taphrina pruni Tulasne

복숭아 잎오갈병과 같은 병원균에 의해 발생되는 병으로 과실이 콩알 크기인 때부터 시작하여 5월 상중순까지 계속되는 병이다. 이 병에 걸린 과실은 과실이 부풀어 올라 크기가 정상적인 과일의 2~3배나 되며 표면에 흰 가루가 생기고 어린 과실의 내부는 핵층이 없어지거나 적어져서 공동(空洞)이 된다. 피해과는 처음에는 황녹색을 띠나 마지막에는 흑갈색으로 변하여 떨어진다. '뷰티', '산타로사', '포모사' 등의 품종에 많이 발생한다.

방제는 월동기 방제로 석회유황합제 5도액을 철저히 살포하여 수피에 붙어 있는 병원균을 살균하고 피해과는 나타나는 대로 조기에 제거하여야 한다.

(2) 세균구멍병(=검은점무늬병, 흑반병, 黑斑病, Black spot)

Xanthomonas arboricola pv. pruni (E. E. Smith) Dye

이 병은 복숭아세균성구멍병과 같은 병원균에 의해 발병되는 세균병으로 5월 상순부터 발병하기 시작하여 6~7월에 가장 심하다. 잎, 과실, 가지 등에 피해를 주나 주로 잎 끝이나 주위에 작은 반점이 생기고 피해가 심하면 조기낙엽을 일으킨다. 과실에서는 지름이 1~2㎜인 자흑색 반점이 생기며 그 모양이 잉크를 머금고 있는 듯하다. 새가지에서는 처음에 물을 머금은 것과 같은 수침상(水浸狀)이었던 병반이 차츰 갈색의 방추형 균열을 동반한 병반으로 되며 가지가 굳어진 다음에도 흑갈색의 함몰, 균열 등이 남아 있는 것이 보이며 이것이 다음 해의 전염원이 된다. 특히 월동가지에 형성된 병반은 확대되면 나무를 매우 쇠약하게 할 뿐만 아니라 말라죽게 하는 경우도 있다. 이 병원균은 비바람에 의해 전파되므로 과수원 주변에 방풍림을 조성하거나 방풍망을 설치하는 것이 효과적이다.

봄철 싹이 트기 전에 석회유황합제 5도액을 뿌리고 전정할 때에는 피해를 받은 가지를 제거한다. 과실에 대한 방제는 개화 전부터 6월 말까지 아연석회액이나 등록된 농약을 안전사용기준에 맞춰어 살포한다. 아연석회액을 살포할 때 4~5월 상순에는 4-4식을 주 1회 정도 살포하고 5월 이후에는 6-6식을 10일 간격으로 살포해 준다. 또 비, 바람이 심한 곳은 방풍림이나 방풍망을 설치하는 것이 바람직하며 물 빠짐이 잘 되게 하고 질소질 비료를 과다하게 사용하지 말아야 한다.

(3) 잿빛무늬병(회성병, 灰星病, Brown rot)

Monilinia fructicola (Winter) Honey,
Monilinia laxa (Aderh. & Ruhland) Honey

꽃, 과실 및 작은 가지에 발생하며 과실에 피해가 크다. 꽃에 발병하면 꽃 전체가 갈변되며 연화, 부패한 후에는 가지에 붙은 채로 회백색 가루 모양의 분생포자 덩이를 형성한다. 어린 과실이나 미숙과에 발병하는 경우는 적고 주

표 39 자두 품종별 검은점무늬병 저항성 정도

품종	인공접종 발병 정도			자연발병 정도		
	병반길이(mm)		발병 정도	1년생 가지(본)	2년생 가지	수세
	1993년	1994년				
프론티어(Frontier)	13.5	14.0	±	0/30	극소	강
PM-1-4	11.2	14.2	+~±	1/30	소	중
솔담(Soldam)	24.4	15.4	+~±	0/30	소	약
오자크 프리미어(Ozark Premier)	9.1	16.4	+~±	0/30	극소	강
하니하트(Honey Heart)		17.5	+	2/30	극소	중
화나리(花蝶李)	14.0	20.8	+	0/30	극소	약
태양(太陽)	19.5	28.9	╫~+	0/30	소	강
대석조생(大石早生)	31.3	29.6	╫~╬	11/30	다	중
메슬레이(Methley)	21.7	31.2	+~╫	2/30	중~다	중
하니로자(Honey Rosa)		36.9	╫	15/30	다	중
산타로사(SantaRosa)	17.1	37.2	╫	10/30	중	중
뷰티(Beauty)		41.1	╫	5/30	중~다	강
켈시(Kelsey)		46.0	╫	12/30	극다	약
이매(李梅)	24.9	51.6	╬	0/30	무	약
서전(西田)	28.9	61.7	╬	18/30	극다	중
포모사(Formosa)	44.9	74.0	╬	11/30	다	약
할리우드(Hollywood)	47.4	92.8	╬	5/30	중~다	강
화물리(化物李))	27.4		╫	3/20	다	중

주) 접종 방법 : 새가지 상의 잎 5~6매마다 마디 사이에 세균 접종
+ : 접종 부분이 부풀어 오르고, 약간 갈변, 중 정도의 균열이 발생
╫ : 접종 부분이 검게 변하고, 수침상을 나타내며, 가로 또는 세로 방향으로 확대, 균열과 함몰 발생
╬ : ╫ 가 보다 진행되어 선단이 고사하거나 접종 부분이 꺾어짐

※ 자료 : 과실일본 55(1):100-102. 1996.

로 성숙과에서 발병하며 수확 후 수송 중에도 발병한다. 과실에 나타나는 병반은 넓게 나타나며 병 부위는 꽃에서와 같이 표면에 회백색의 분생포자 덩이를 형성한다. 피해과는 낙과되지만 나무에 붙어 미라 상태로 남는 것도 있다. 가지에는 꽃, 과실로부터 전염되어 가지마름 증상을 보이며 피해부와 건전 부위

사이에 수지가 나오는 경우도 있다.

이 병을 일으키는 병원균은 복숭아, 양앵두, 매실, 벚나무 등에 발병하는 잿빛무늬병과 같은 균으로 자낭균에 속하며 자낭포자와 분생포자 및 균핵(菌核)을 형성한다. 열매 껍질이 균사와 뭉쳐서 굳어진 균핵에서 깔때기 모양의 자낭반이 만들어지고 그 위에 자낭이 형성된다. 개화기의 강우와 성숙기의 저온(수확 전 20일간의 기온이 15~17℃인 경우), 다습조건은 이 병을 크게 발생시킨다.

이 병을 방제하기 위해서는 약제방제가 효과적이나 수확기의 저온 강우가 많으면 효과가 떨어지므로 병에 걸린 과실이나 말라죽은 가지를 발견하면 즉시 제거하고 웃자란 가지의 발생을 억제하여 나무 내부로 바람이 잘 통하도록 한다. 약제방제 적기는 수확기 전 약 20일간이므로 이 기간에 전용약제를 7~10일 간격으로 2~3회 정도 과실에 약제가 잘 묻도록 살포하되 나무의 세력이 약한 경우에는 살포하지 않는다. 수확기 부근에는 감염되기 쉬우므로 살포 간격을 잘 지키고 비가 오기 직전에 살포하면 효과가 높다. 동일한 약제를 계속 사용하면 내성균의 출현으로 약효가 떨어지므로 살균 기작간 다른 약제로 바꿔가며 사용하는 것이 바람직하다.

나 충해

(1) 월동기 방제

자두나무에서 월동하는 해충은 진딧물류, 응애류, 깍지벌레류가 있다. 이들은 대부분 꽃눈 및 잎눈의 밑 부분이나 줄기에서 월동하므로 기계유유제 살포가 가장 좋은 방제방법이다. 기계유유제는 보통 2월 하순에서 3월 상순에 살포하며 줄기에 약액이 골고루 묻도록 살포하되 나무의 세력이 약한 경우에는 살포하지 않는다. 희석농도는 물 20ℓ에 기계유유제 800~1,000㎖를 섞어서 살포한다.

(2) 생육기 방제

가. 응애류

핵과류에 피해를 주는 응애류는 점박이응애, 사과응애, 벚나무응애 등이 있는데 그 종류에 따라 월동하는 장소, 발생 횟수, 시기별 기생장소, 약제의 방제효과 등이 다르므로 발생하는 응애의 종류와 밀도를 알지 못하면 철저한 방제를 할 수 없다. 특히 약제를 선택하는 것이 어려우므로 응애류의 특징을 알아야 한다.

응애류는 잎의 표면과 뒷면에서 즙액을 빨아 먹는데 즙액과 함께 엽록소도 흡수되므로 표면에 흰점이 생기며 피해가 심하면 변색되고 조기낙엽이 되어 나무의 세력을 극도로 쇠약하게 만든다.

응애는 번식력이 왕성하여 많이 발생된 다음은 방제가 어려우므로 발생이 적을 때 방제하며 똑같은 응애 방제약(살비제)을 계속 사용하는 경우에는 약제에 대한 내성이 생기므로 무엇보다 주의가 필요하다. 점박이응애는 잡초 방제를 철저히 하고 웃자란 가지를 제거하여 응애의 밀도를 낮추는 재배적 방제도 효과적이다.

응애류에 대한 약제 방제법으로는 발아 전에 50배 기계유유제를 살포한다. 사과응애인 경우 월동한 알은 4월 하순부터 5월 상순에 부화하므로 이때가 방제 적기이다. 그러나 이 기간의 약제살포는 방화곤충의 활동을 방해할 위험성이 있으므로 5월 중순(만개 15일 후)에 응애약을 살포한다. 특히 점박이응애의 발생을 방지하기 위해 이 시기 이후 과수원의 풀베기를 철저히 하는 것도 필요하다. 다만 수관 아래에 발생된 풀에 이미 응애가 발생된 경우 짧게 풀베기를 하면 응애가 나무 위로 올라가 피해를 줄 수 있으므로 적당한 크기로 베도록 한다.

또 6월 하순경부터 발생이 증가하는 경우가 있으므로 발생이 예상되는 과수원에서는 발생이 적을 때 살포하고 7월 중순 이후에는 사과응애와 점박이응애가 동시에 발생하는 곳이 많으므로 점박이응애의 방제에도 효과가 있는 약제를 살포한다. 방제 약제를 살포할 알맞은 시점은 잎 1장당 성충과 유충의 수가 3마리 정도인 때이다.

나. 진딧물류

복숭아가루진딧물(*Hyalopterus pruni* Geoffroy)

복숭아혹진딧물(*Myzus persicae* Sulzer, Green peach aphid)

복숭아가루진딧물은 자두나무에서 주로 발생되는 것으로 날개가 있는 성충은 녹황색이고 가슴과 다리는 흑색이지만 퇴절(腿節, 넓적다리마디)의 기부와 경절(脛節, 끝에서 두 번째 마디)의 중앙부는 담녹색이다. 날개가 없는 성충은 장원형이고 녹색이며 백색의 밀랍가루로 얇게 덮여 있다.

성충과 약충이 잎 뒷면에 기생하면서 즙액을 빨아먹는데 몸체가 흰 가루로 덮여있기 때문에 피해를 받은 잎은 흰 가루로 덮여 있는 것처럼 보인다. 발생이 심할 경우에는 분비되는 감로(甘露)로 인하여 그을음병이 유발된다.

나무의 가지나 줄기의 울퉁불퉁한 사이에서 알로 월동하며 부화약충은 기주의 눈에 모여 흡즙하다가 5월이 되면 잎 뒷면에 기생하여 번식한다. 6월이 되면 날개 달린 유시충(有翅蟲)이 나타나 억새, 갈대 등으로 옮겨갔다가 10월경 다시 자두나무 등의 월동기주로 옮겨와 암컷과 수컷이 생겨 교미한 다음 알을 낳는다.

복숭아혹진딧물은 매실, 복숭아, 자두, 살구, 벚나무 등에 피해를 주는 진딧물로 피해를 받은 잎은 세로로 말리고 붉은색으로 변한다.

날개가 없는 무시충(無翅蟲)인 암컷의 배는 적녹색을 띠며 배의 축돌기가 뚜렷하다. 몸은 흑색으로 중앙부가 약간 팽대되어 있다. 날개가 있는 유시충(有翅蟲)인 수컷은 엷은 적갈색이며 촉각은 3마디에 평균 12개의 원형 감각기가 있다. 배의 내면에는 각 마디에 흑색의 띠와 반점무늬가 있다.

이 진딧물은 이주(移住, 옮겨 다님)형으로 여름에는 무 또는 배추 등에서 피해를 주다가 가을철에는 매실나무 등으로 와서 유시충의 진딧물로 변하여 1년생 가지에 산란하여 월동한다.

방제법으로는 발생기에는 진딧물 전용약제를 살포하고 월동기간 중에는 조피작업 및 기계유유제를 살포한다.

다. 깍지벌레류

뽕나무깍지벌레(*Pulvinaria floccifera* Westwood)

공깍지벌레(*Eulecanium persicae* Fabricius)

주머니깍지벌레(*Eriococcus largerstroemiae* Kuwana)

자두나무에 발생하는 깍지벌레류는 뽕나무깍지벌레, 공깍지벌레, 주머니깍지벌레 등이 있으나 뽕나무깍지벌레가 주로 많이 발생하고 있다.

뽕나무깍지벌레는 굵은 가지의 표면에 기생하며 수액을 빨아먹으므로 나무의 세력이 급격히 쇠약해지고 발생이 심하면 가는 가지는 말라죽는다. 유충이 과실을 가해하면 과실 표면에 붉은색의 반점이 생긴다. 굵은 가지에 둥글고 흰 탈 껍질을 쓰고 붙어 있으며 봄철 부화기에 손으로 누르면 알 또는 유충이 터져 노란 액이 나온다. 밀식원에서와 같이 통풍이 나쁜 조건에서 약제 살포가 충분치 못할 때 발생이 심하다.

이 깍지벌레는 복숭아, 자두, 살구, 매실, 양앵두, 배나무 및 감나무, 포도 등에 기생하는데 암컷의 껍질은 2㎜ 정도이고 수컷은 1㎜ 정도이며 알과 유충의 색은 암컷은 백색이고 수컷은 등황색이다. 또한 2령의 유충 때부터 껍질을 만든다. 1년에 3회 발생하며 수태(受胎)한 암컷이 성충으로 월동하여 4월이 되면 탈 껍질 밑이 비대하면서 산란한다. 4월 하순~5월 중순에 걸쳐 부화된 유충은 탈 껍질로부터 탈출하여 나무줄기를 기어 다닌다. 제2세대 유충은 7월에 발생하고 제3세대 유충은 9월에 발생한다. 암컷은 성충이 될 때까지 3회 탈피하고 수컷은 2회 탈피하여 번데기가 된 후 날개가 붙는다.

뽕나무깍지벌레를 방제하기 위해서는 월동충의 방제에 중점을 두고 약제를 살포하는 것이 효과적이므로 동계 기계유유제 20배액을 12월부터 2월 중순 이전에 살포하고 석회유황합제 7~10배액을 살포한다. 깍지를 형성한 뒤에는 방제효과가 매우 떨어지므로 알에서 부화해 나오는 시기 및 유충의 활동기에 전문약제를 살포한다.

라. 복숭아유리나방(Cherry tree borer)

Synanthedon hector Butler

　매실, 살구, 자두, 복숭아, 사과, 배나무, 벚나무 등에 피해를 주는 해충으로 애벌레는 나무껍질 속을 다니며 해를 끼치므로 나무 세력이 약해지고 심하면 말라죽어 피해가 크다. 우리나라의 중부 이남에서는 살구, 복숭아 매실 등에 큰 피해를 주고 중부 이북에서는 사과, 배 등에 피해가 크다.

　어른벌레의 몸 길이는 15~16㎜이며 검은 자색이고 머리는 검은색이다. 촉각은 기부가 약간 황색이고 다른 부분은 전부 검은색이다. 알은 납작한 구형이고 담황색이며 나무껍질의 갈라진 틈에 1~3개씩 붙어있다. 애벌레는 머리가 황갈색이고 몸은 담황색이며 각 마디는 노란색이며, 몸길이는 23㎜ 정도이다. 번데기는 황갈색이고 배 끝에 돌기가 있으며 길이는 16㎜ 정도이고 나무껍질 밑의 고치 속에 들어 있다.

　1년에 1회 발생하며 5월부터 9월까지 어른벌레가 기주나무 원줄기 아래쪽에 알을 낳는다. 알에서 깨어난 애벌레는 나무껍질 밑에서 생장하여 월동하며 이듬해 봄부터 연중 해를 끼친다. 번데기의 껍질은 어른벌레가 탈출한 구멍 밖으로 노출되어 있다. 성충은 낮에만 활동한다.

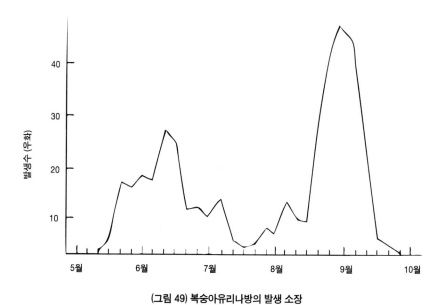

(그림 49) 복숭아유리나방의 발생 소장

방제방법으로는 벌레 똥 또는 나무진(樹脂)이 발견되는 곳이 애벌레의 잠입 부위이므로 칼이나 철사를 이용하여 직접 잡아준다. 월동 후에는 애벌레의 갉아먹는 활동이 왕성하므로 늦어도 월동 직전까지 잡아야 한다.

표 40 수체 부위별 성충(우화) 발생률(원예시험장, 1972)

원줄기	원가지 (지상 높이 m)				제1덧원가지	제2덧원가지
	0~1	1~2	2~3	3~4		
21.6%	35.6	19.9	9.9	3.5	7.1	1.1

마. 복숭아심식나방(Peach fruit moth)

Carposina niponensis Walsingham

유충이 과실 내부로 뚫고 들어가 종횡무진으로 먹고 다니므로 요철의 기형과가 된다. 부화 유충이 먹어 들어간 구멍은 바늘구멍 크기로 보이고 그곳에서 즙액이 나와 말라붙어 흰 자루 같이 보인다. 노숙 유충이 뚫고 나온 자리는 송곳으로 뚫은 듯이 보이고 배설물을 배출하지 않는다.

대부분 연 2회 발생하고(그림 50) 노숙 유충으로 땅속 2~4cm에서 고치를 짓고 월동한다(그림 51). 5~7월 겨울고치에서 나온 유충은 지표면 가까이에서 방추형 여름고치를 짓고 번데기가 된다. 제 1회 성충은 6월 상순에서 8월 상순 사이에 발생하며 2회 성충은 7월 하순에서 9월 상순에 발생한다.

방제법으로는 첫 발생이 6월 상순경이므로 산란 후 알이 부화하여 과실에 침입하기 이전인 6월 중순경부터 10일 간격으로 2~3회 전문약제를 살포한다. 8월 중순부터는 10일 간격으로 1~2회 전문약제를 살포하는 것이 좋다.

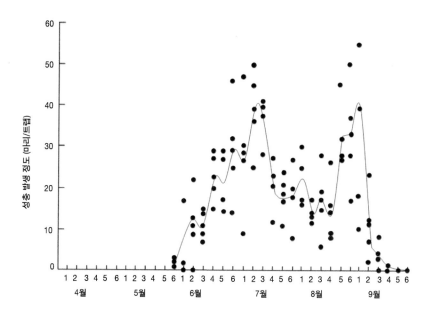

(그림 50) 복숭아심식나방 발생소장(원예연구소, 1996)

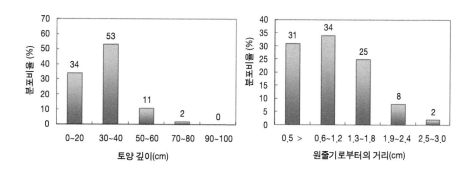

(그림 51) 복숭아유리나방의 토양 내 분포

바. 복숭아순나방(Oriental fruit moth)

Grapholita molesta Busk

복숭아순나방의 기주식물은 사과나무, 배나무, 복숭아나무, 자두나무, 살구나무 등이다. 4~5월 1화기 성충이 발생하여 복숭아나무의 새가지, 잎 뒷면에 알을 낳으며 유충이 새가지의 선단부에 침입하므로 새가지가 꺾이는 증상이 나타난다. 피해를 받은 새가지는 선단부가 꺾어져 말라죽고 진과 똥을 배출하므로 쉽게 발견할 수 있다. 어린 과실의 경우는 보통 꽃받침 부분으로 침입하여 과실 속을 파먹고 다 자란 과실에는 열매자루 부근에서 먹어 들어가 과실 껍질(과피) 바로 아래의 과육(果肉)을 파먹는 경우가 많다. 겉에 가는 똥을 배출하는 점에서 심식충과 구별할 수 있다.

연 4~5회 발생하며 노숙 유충으로 거친 나무껍질 틈이나 남아 있는 봉지 등에 고치를 짓고 월동한다. 1회 성충은 4월 중순~5월에, 2회는 6월 중하순에, 제 3회는 7월 하순~8월 상순에, 4회는 8월 하순~9월 상순에 발생하고 일부는 9월 중순경에 5회 성충이 나타나기도 하나 7월 이후에는 세대가 중복되어 구분이 곤란하다. 1, 2화기는 주로 복숭아, 자두, 살구 등의 새가지나 과실에 발생하며 3~4회 성충이 사과와 배의 과실에 산란하여 해를 끼치는 경우가 많다.

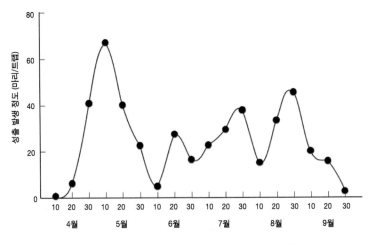

(그림 52) 복숭아원에서 복숭아순나방의 성충 발생 소장(消長)
(원예연구소, 2005, 수원)

방제법으로는 과실에 산란하는 시기인 6월 이후에 2~3회 전문약제를 살포하여야 하나 복숭아심식나방을 대상으로 방제한 경우에는 동시 방제가 가능하다.

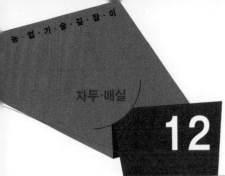

자두·매실

12 수확 및 가공

Plum

가 과실의 성숙

　자두의 과실 비대는 크게 3번의 파상을 보이는데(그림 53) 수정된 때로부터 30일경까지의 제1기는 세포분열기로서 씨방이 비대되는 시기이다. 제2기는 새가지의 신장과 더불어 과실 비대가 이루어지기 때문에 외관상으로 급격한 변화는 보이지 않지만 과실 내 핵(核)이 굳어지는 시기로서 이를 경핵기(硬核期)라 부른다. 제3기는 성숙기를 맞이하기 위해 외관상 급격한 과실 비대가 이루어지는 시기이다.

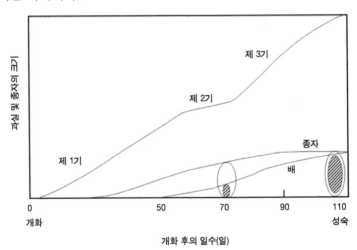

(그림 53) 자두 '솔담' 품종의 과실 발육

수확 적기 판정은 착색 정도, 바탕색의 변화 또는 과실의 경도 등에 의해 이루어지지만 수확 후 유통과정에서의 추숙(追熟)이라는 과정이 다르기 때문에 품질이 가장 좋은 시기에 수확하는 것이 중요하다. 그러나 완숙된 과실은 품질은 좋지만 과육의 연화 및 저장성이 나빠 유통 중 손실과가 많이 발생하므로 유통에 소요되는 기간을 충분히 고려하여 수확하도록 하여야 한다.

나 주요 품종의 수확 적기

(1) 대석조생

과정부(果頂部)가 착색되는 때부터 급격한 과실 비대가 시작되며 수확 후에도 추숙과 함께 착색이 진행되는 특성을 가지고 있으므로 과실의 머리 부분부터 몸통에 걸쳐 1/3 정도 착색되었을 때가 수확 적기이다. 그러나 온도가 높은 해에는 착색보다 과실 성숙이 빨리 진행되어 물러지므로 이런 해에는 바탕색이 녹백색에서 백녹색으로 변하는 시기에 수확하여야 한다.

(2) 산타로사

'대석조생'과는 다르게 수확 후에는 추숙이 진행되지 않는 품종이다. 착색이 빨라 수확을 할 때 많은 실수를 범하게 되는 품종이다. 즉 조기(早期)착색이 되는 품종이기 때문에 과면 전체가 진한 붉은색이 되지 않으면 신맛이 강하고 당도가 낮다. 따라서 과피색이 짙은 붉은색으로 착색되었을 때 수확하여야 한다. 또 적숙기에 접어들면 과실 꼭지 주위의 과피면에 원모양의 둥근 무늬가 발생하므로 이를 적숙기 판단기준으로 이용할 수도 있다.

(3) 솔담

'산타로사'와 마찬가지로 추숙이 없는 품종으로 과피에는 흰 과분(果粉)이 많기 때문에 착색 판정이 곤란하나 과면의 수박 무늬가 흐릿해지면서 오렌지빛을 띤 붉은색(등홍색)이 되어 과육이 완전한 선홍색이 되는 시기가 수확 적기이다. 수확 시에는 과면에 손자국이 나지 않도록 꼭지 부분을 잡고 수확하여야 한다. 나무 세력이 약해지면 착색도 나빠질 뿐만 아니라 맛없는 과실이 되므로 세력관리가 중요하다.

(4) 포모사

과피 및 과육 모두 황색으로서 과정부 및 햇빛을 받는 양광면(陽光面)이 착색되어 붉은 색이 약간 들면 수확을 하여야 한다. 대개 다른 품종은 늦게 수확할수록 품질이 좋아지나 이 품종은 너무 늦게 수확할 경우 신맛이 거의 없는 싱거운 맛을 가진 과실로 되기 때문에 품질이 나쁜 과실이라는 인상을 줄 수도 있다. 따라서 수확이 너무 늦어지지 않도록 주의하여야 한다.

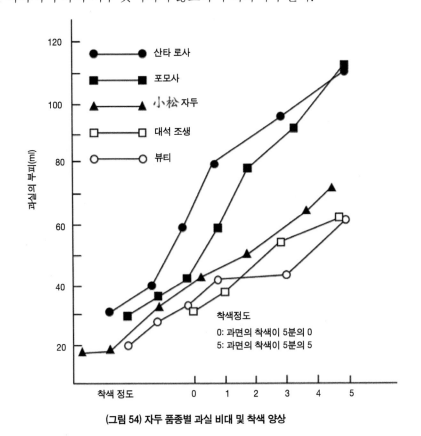

(그림 54) 자두 품종별 과실 비대 및 착색 양상

다 수확 시각과 방법

하루 중 온도가 낮은 10시 이전에 수확하는 것이 바람직하나 온도가 높은 한낮에 수확한 과실은 서늘한 그늘에 펼치거나 저온 저장고 등에 넣어 과실 온도를 낮춘 다음 출하시키는 것이 바람직하다. '산타로사'나 '솔담' 등 과분(果粉)이 많은 품종은 과분이 벗겨지거나 손자국이 생길 경우 상품가치가 떨어지므로 주의가 필요하다.

라 선과와 출하

선과와 포장작업은 판매가격의 형성에 대단히 중요한 역할을 담당하고 있다. 과거와 같이 선과에 대한 뚜렷한 개념 없이 수확된 과실을 나무상자에 담

표 41 ▶ 표준거래 단위

구분	표준거래 단위
5kg 미만	별도로 규정하지 않음
5kg 이상	5kg, 10kg, 15kg

※ 자료 : 국립농산물품질관리원 고시(제2011-45호, 2011. 12. 21.)

표 42 ▶ 표준규격품의 표시방법

구분	표시사항		
의무표시	표준규격품, 품목, 산지, 품종명, 등급, 무게(개수) 생산자 또는 생산자단체의 명칭 및 전화번호		
권장표시	당도(°Bx)와 산도(%) - 당도 표시를 할 수 있는 품종과 등급별 당도 규격(°Bx)		

품종	특	상
포모사	11 이상	9 이상
대석조생	10 이상	

크기(무게) 구분에 따른 호칭 또는 개수

※ 자료 : 국립농산물품질관리원 고시(제2011-45호, 2011. 12. 21.)

아 출하하는 경우는 적어졌지만 아직도 과실을 포장하는 기술과 상자의 디자인 등은 소비자의 소비욕구를 자극하기에는 부족한 면이 많은 듯하다. 따라서 생산 그 자체도 중요하지만 선과·포장에 있어서도 특별한 신경을 써야 할 것이며 국립농산물품질관리원이 제정한 출하규격(표 41~44)에 맞추어 출하할 수 있도록 하여야 할 것이다.

표 43 자두 출하 등급규격

항목	특	상	보통
고르기	크기 구분표에서 무게가 다른 것이 5% 이하인 것	크기 구분표에서 무게가 다른 것이 10% 이하인 것	특·상에 미달하는 것
무게	크기 구분표에서 'L' 이상인 것	크기 구분표에서 'M' 이상인 것	적용하지 않음
색택	착색 비율이 40% 이상인 것	착색 비율이 20% 이상인 것	특·상에 미달하는 것
중결점과	없는 것	없는 것	5% 이하인 것 (부패·변질과는 포함할 수 없음)
가벼운 결점과	3% 이하인 것	5% 이하인 것	20% 이하인 것

1 중결점과란 품종이 다른 것, 과육이 부패·변질된 것, 미숙과, 병충해 피해가 있는 것, 상처가 있는 것, 모양이 매우 나쁜 것을 말함
2 가벼운 결점이란 품종 고유의 모양이 아닌 것, 경미한 약해·일소 등의 피해가 경미한 것, 병해충·상해 정도가 경미한 것, 기타 결점의 정도가 경미한 것을 말함

※ 자료 : 국립농산물품질관리원 고시(제2011-45호, 2011. 12. 21.)

표 44 크기 구분

구분		호칭	2L	L	M	S
1과의 기준무게 (g)	대과종	포모사, 솔담, 산타로사, 켈시(피자두) 및 이와 유사한 품종	150 이상	120 이상 150 미만	90 이상 120 미만	90 미만
	중과종	대석조생, 뷰티 및 이와 유사한 품종	100 이상	80 이상 100 미만	60 이상 80 미만	60 미만

※ 자료 : 국립농산물품질관리원 고시(제2011-45호, 2011. 12. 21.)

마 가공

시중에서 구입하거나 생산한 과일을 이용하여 가정에서 손쉽게 가공품을 만들 수 있는 가공법을 소개하면 다음과 같다.

(1) 자두잼

잼은 과실 중에 함유되어 있는 수용성 펙틴의 끈적거리는 성질을 이용한 가공품으로 잼 성분의 표준은 펙틴 함량이 1~1.5%, 산 함량이 0.27~0.5%, 당 함량이 60~65%이다. 잼의 제조과정은 먼저 완숙과 또는 가공대상 과일을 잘 씻은 후 두 쪽으로 나눈 후, 핵(종자)을 제거하고 과육을 껍질과 함께 가능한 한 잘게 잘라 솥에 넣고 과실의 1/3 정도 물을 부어 끓이면서 설탕을 2회로 나누어 넣는다. 설탕의 양은 과일과 같은 양(무게)을 넣게 되는데 끓이기 시작하면서 2/3를 넣고 1/3은 가열 중반쯤에 넣은 후 솥 밑에 눌어붙지 않게 잘 저어야 한다. 끓이는 도중 거품이나 다른 이물질이 떠오르면 조리개 등으로 걷어내야 한다. 끓이는 것을 끝내는 시기는 숟가락으로 잼을 떠서 비스듬히 숟가락을 기울였을 때 적당한 끈기가 생겨 쉽게 떨어지지 않거나 찬물 속에 몇 방울 떨어뜨렸을 때 물 속에서 퍼지지 않고 밑바닥까지 가라앉으면 정상적인 잼이 만들어진 것이다. 만들어진 잼은 커피병이나 뚜껑이 넓은 병 등에 담아 마개를 덮은 다음 병을 거꾸로 세워서 냉각시킨 후 보관하면 된다.

(2) 자두넥타

잘 익은 신선한 과일을 골라 깨끗이 씻은 후 2등분하여 핵을 제거한 다음 찜통이나 솥에 물을 소량 넣고 자두가 흐물흐물해지도록 익힌 후 믹서로 간다. 이때 물기가 적어 가는 것이 순조롭지 못할 때에는 소량의 물을 넣고 갈도록 한다. 여기에 같은 양의 물과 전체 넥타량의 1/3 정도로 설탕을 가하여 잘 녹인 다음 냉장고 등에 보관하면서 입맛에 맞게 물을 적당히 타서 마시면 된다.

(3) 자두술

완숙 직전 또는 물러지기 전의 과실을 골라 깨끗이 씻고 물기를 닦아낸 후 자두 무게의 반 정도 되는 설탕을 자두와 교대로 병 속에 층층이 쌓은 후 자두 1kg당 소주 1.8ℓ를 붓고 잘 봉한 다음 그늘에서 한 달 정도 발효시킨 후 마시면 좋다.

제 II 장
매실

01 원산지, 분포 및 품종 분류

P l u m

벗나무속에 속하는 온대낙엽과수인 매실나무(*Prunus mume* Sieb. et Zucc., Mume)는 식물분류학적으로는 살구, 자두 등과 아주 가까운 종이며 그 원산지는 중국 남부의 양자강 유역이고 중국의 남부, 대만, 일본에 걸쳐 분포하고 있다.

가 분류

매실나무는 그 이용 형태에 따라 크게 꽃을 감상하기 위한 관상용인 화매(花梅, 매화)와 과실을 이용하는 실매(實梅, 이것을 보통 매실이라 한다)로 크게 나누어진다. 실매는 숙기의 빠르기 정도에 따라 조·중·만생종으로, 과실 크기에 따라 소·중·대매(大梅)로, 신맛의 정도에 따라 산매(酸梅)와 감매(甘梅)로, 익은 정도에 따라 청매(靑梅)와 숙매(熟梅)로 분류되기도 한다. 마키노(牧野)는 실매를 다음과 같이 5개 품종군으로 분류하고 있다.

야매(野梅, P. *mume* var. *typica* Maxim.)
소매(小梅, P. *mume* var. *microcarpa* Makino)
녹악매(綠萼梅, P. *mume* var. *virdicalyx* Makino)
좌론매(座論梅, P. *mume* var. *pleiocarpa* Maxim.)
풍후매(豊後梅, P. *mume* var. *bungo* Makino)

매실은 살구와 근연종(近緣種)이기 때문에 서로 꽃가루를 주고받을 수 있어 잡종 품종도 많다. 따라서 이들은 그 유연관계에 따라 순수 매실, 살구성 매실, 중간계 매실, 매실성 살구, 순수 살구 등으로 분류된다(그림 55). 이 중에서도 매실성 살구와 순수 살구는 살구로 분류되는데 매실성 살구 중 '풍후(豊後)'는 과실 성분이 매실에 가까워 일본에서도 매실로 분류되어 재배되고 있다.

성숙 전의 매실인 청매는 겉모양이 플럼코트(李杏, 자두와 살구의 종간교잡

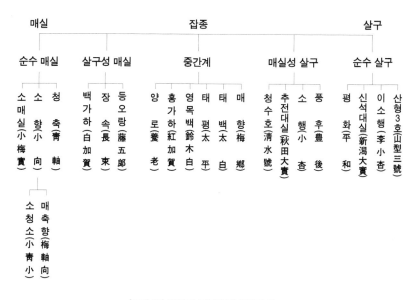

(그림 55) 매실과 살구 간의 유연관계

종), 살구 등과 비슷하여 매실을 정확하게 구분하지 못하는 생산자에 의해 이 미성숙과들이 매실로 유통·판매되기도 하는데 매실과 살구는 형태 및 생태적 차이를 기준으로 명확히 구분될 수 있다(표 55). 일반적으로 매실은 살구나 플럼코트에 비해 개화기가 빠르고 과실이 작은 편이며 과실이 노란색을 띠는 성숙 초기에도 신맛이 높다. 그러나 가장 큰 차이는 핵(核)의 형태적 특성이다. 매실의 핵은 둥근 편이며 그 표면에 작은 땀구멍과 같은 것들이 많은 반면 살구나 플럼코트는 핵 모양이 납작하고 땀구멍과 같은 홈이 없다. 또한 핵 안에 들어 있는 인(仁)도 매실은 충실하고 특유의 향기가 많은 반면 살구나 플럼코트의 인은 종자 형성이 불충실하고 향기도 적어 쉽게 구분할 수 있다.

표 45 매실과 살구의 구분

구 분	매 실	살 구
적응 기후	비교적 온난한 지역	비교적 추운 지역
자람새	개장성, 하수성	강한 직립성
수피색	회갈색	담홍색
작은 가지색	녹색~적갈색	담갈색
잎	도란형~타원형 잎의 톱니가 가늘고 뾰족하다. 잎 선단이 길다.	심장형, 원형, 광난형 잎의 톱니가 크고 둥글다. 잎 선단이 짧다.
꽃눈	겨드랑 꽃눈 1~2개	겨드랑 꽃눈 2~5개
성숙된 과실 색깔	옅은 황색이며 햇빛을 받는 면이 붉지 않다(남고, 화향실 제외).	오렌지색이며 햇빛 닿는 면이 붉게 착색된다.
개화기	빠름(3 중하)	늦음(4 상중)
핵의 점리	점핵성	이핵성
핵의 모양	둥글고 작은 편이며 끝이 다소 뾰족 하고 핵 표면에는 작은 구멍이 많다.	납작하고 크며 끝이 둥글고 핵 표면에는 작은 구멍이 없다.
성숙된 과실의 신맛	신맛이 매우 강하다. (4.5~5.9%)	대체적으로 신맛이 적다. (1.1~1.2%)

나 주요 품종의 특성

(1) 남고(南高, Nanko)

일본 와카야마현의 다카다(高田貞楠)씨가 1902년에 자신의 과수원에 심었던 '내전매(內田梅)'의 실생으로부터 선발한 품종이다. 1965년에 종묘로 등록되었으며 일본에서 가장 재배면적이 많은 주력 품종이다.

나무 세력은 강하고 자람새는 개장성이다. 가지 굵기는 중간 정도이나 가는 편이고 발생 수가 많으며 중과지 결실성이 좋아 단과지와 함께 좋은 열매가지가 된다. 새가지의 색은 적갈색이다. 발아와 전엽(展葉)은 3월 중하순 경에 이루어지는데 소매류보다는 늦고 '백가하'보다는 빠른 중간 정도이다. 해거리(격년결과)는 비교적 적은 다수성 품종이다. 꽃은 홑꽃이며 크기는 중간 정도이고 꽃잎은 백색이다. 불완전화가 적고 꽃가루는 많으나 자신의 꽃가루로 결실되는 자가화합성은 높지 않다.

과실은 짧은 타원형으로 약간 납작한 경향을 띤다. 과실 표면에는 털이 많으며 바탕색은 약간 짙은 녹황색이나 햇빛이 닿는 부분은 약간 붉은색으로 착색된다. 과실 무게는 20g 정도이고 숙기는 6월 하순(나주 기준)이다. 양조용 및 절임용으로 이용되는데 양조용인 경우에는 청매를, 절임용일 때에는 완숙과를 이용한다.

재배상 유의점으로는 가지 발생이 많기 때문에 솎음전정을 위주로 전정한다. 꽃가루는 많으나 자가화합성이 높지 않기 때문에 다른 품종을 수분수로 섞어 심어야 한다. 검은별무늬병과 세균성구멍병에 약하다.

(2) 고성(高城, Gojirou)

일본 와카야마현에서 발견된 품종으로 육성내력은 불분명하다. 나무 세력은 강하고 나무 자람세는 직립성이다. 새가지 생장이 왕성하고 새가지 발생수가 많으며 가지는 굵고 길다. 새가지는 담녹색이나 햇빛을 받는 부위는 약간 담홍색으로 된다. 유목에서는 단과지 형성이 잘 되지 않으나 성과기가 되면 단과지 형성이 잘 되고 중장과지도 많이 발생된다. 꽃의 크기는 중간 정도이고 완전화가 많으며 꽃잎이 백색인 홑꽃이다. 꽃가루가 거의 없기 때문에 수분수를 섞어 심는 것이 필요하다. 개화기는 중간으로 '백가하', '풍후', '옥영'보다는 빠르고 '남고', '양노' 등과는 비슷하다. 기형화 발생이 적고 해거리도 적어 풍산성이다. 과실은 타원형으로 짙은 녹색을 띠며 윤기가 흐른다. 과실 무게는 20~25g 정도로 중간 크기이다. 청매로서는 우수하여 양조용이나 농축 과즙용(엑기스)으로는 적합하나 절임용으로서는 적합하지 않다.

재배상 유의할 점으로는 단과지보다 중장과지의 발생이 많으므로 초기에 단과지를 형성시키는 전정이 필요하다.

(3) 옥영(玉英, Kyokuei)

도쿄도에서 발견된 품종으로 내력은 불분명하다. 이 품종은 '백가하'와 아주 비슷한 특성을 나타내지만 개화기가 '백가하'보다 약간 빠른 점이 다르다. 나무 자람새는 개장성이며 나무의 세력은 초기에는 강하나 후기에는 급격히 떨어지는 결점이 있다. 가지는 굵고 길며 단과지 형성이 잘 되고 중과지에도 착과가 잘된다. 새가지(신초)는 옅은 녹색이다. 꽃은 홑꽃으로 크고 꽃잎은 황백색이다. 개화기는 '백가하'보다 약간 빠른 편이며 불완전화의 발생이 매우 적고 해거리 발생이 적다. 꽃가루가 거의 없기 때문에 수분수를 섞어 심어야 한다.

과실은 타원형이며 과실 무게는 25g 정도로 굵고 고르지만 봉합선이 깊고 선명하다. 과피는 황녹색이다. 청매로 6월 중순에 수확되는 품질이 우수한 양조용 품종이다. 늦게 수확한 것은 절임용으로도 이용되지만 품질은 좋지 않다.

재배상 유의할 점으로는 강전정을 피하고 결실 안정을 위해 20% 이상의 수분수를 섞어 심는 것이 필요하다. 검은별무늬병에는 비교적 강하나 깍지벌레, 가지마름병에는 약하다.

(4) 백가하(白加賀, Shirokaga)

일본 에도시대(1603~1867)부터 재배되어 온 품종으로 내력은 불명확하지만 살구와 교잡된 살구성 매실 품종이며 일본에서는 '남고' 다음으로 많이 재배되고 있는 품종이다. 나무의 세력이 매우 강하고 자람새는 개장성이며 가지는 굵고 길다. 새가지는 담녹색이지만 햇빛이 닿는 부분은 옅은 갈색을 띤다. 꽃은 홑꽃으로 크며 꽃잎은 백색이다. 개화기가 늦고 불완전화가 매우 적다. 그러나 꽃가루가 거의 없고 자가결실률이 매우 낮은 품종이므로 수분수를 섞어 심는 것이 필요하다.

과실은 타원형이고 짧은 털이 있으며 바탕색은 황녹색이지만 햇빛을 받는 면은 약간 착색되고 과정부는 다소 뾰족하다. 과육은 두꺼우며 품질이 우수하다. 과실 무게는 30g 정도로 대과종에 속하며 숙기는 6월 중하순으로 늦은 편이다. 양조용으로는 알맞으나 절임용으로는 적합하지 않다.

재배상 유의할 점은 자름전정을 피하고 웃자란 가지는 유인하여 중단과지를 형성시켜야 한다. 붕소 결핍이나 검은별무늬병, 햇볕 뎀(일소, 日燒)에 약하다.

(5) 앵숙(鶯宿, Osuku)

일본 도쿠시마 현에서 오래전부터 재배하여 온 품종으로 육성 내력은 불분명하다. 청매의 대표적인 품종으로 나무의 세력은 강하고 자람새는 약간 직립성이다. 가지의 발생, 특히 단과지의 발생이 많으며 새가지는 짙은 녹색이다. 꽃은 홑꽃이며 꽃잎은 분홍색이다. 개화기가 빠른 편에 속하나 불완전화가 적으며 꽃가루가 많고 자가결실률이 높다.

과실은 짧은 타원형이며 과피에는 털이 적어 외관이 아름답고 햇빛을 받는 부위는 붉은색을 띠는 청매이다. 과실 무게는 20g 정도이고 숙기는 6월 중하순으로 양조용으로 적합하다.

재배상 유의할 점은 나무가 크게 자라므로 심는 거리를 충분하게 유지하여야 한다. 어린 나무일 때부터 솎음전정 위주로 전정을 실시하여 가지가 웃자라지 않도록 세력을 안정시킬 필요가 있다. 꽃가루가 많아 '백가하', '옥영' 등의 수분수로 이용된다.

재배상 유의할 점으로는 자가화합성이 낮으므로 20% 정도의 수분수를 섞어 심도록 하고 풍산성이므로 과다결실되지 않도록 열매솎기를 철저히 한다. 검은별무늬병에는 강하나 복숭아유리나방의 피해가 많고 세균성구멍병에도 약하다. 붕소 결핍증이 나타나기 쉬워 과실에 진이 나오는 수지 장해과가 발생되기도 한다.

(6) 매향(梅鄕, Baigo)

일본 도쿄도에서 선발된 품종으로 육성 내력은 불분명하다. 나무 세력은 강하고 자람새는 개장성이다. 가지는 가늘고 길며 열매가지의 발생은 많으나 단과지보다는 중장과지의 발생이 많다. 꽃은 백색의 홑꽃으로 중간 크기이며 완전화가 많다. 꽃가루는 많지만 자가화합성이 높지 않다. 개화기는 약간 늦으나

'백가하', '옥영'보다는 빠르며 겨울의 날씨가 따뜻하면 개화기가 빨라지는 성질이 있다.

과실은 짧은 타원형 또는 난형으로 과정부는 약간 뾰족하다. 과실 무게는 25g 정도로 크지만 과다 결실로 인해 작아지기 쉽다. 청매로서의 품질이 우수하므로 양조용으로 적합하다.

재배상 유의점으로는 중과지의 발생이 많으므로 수량 확보를 위해서는 단과지를 발생시키는 전정이 필요하다. 개화기가 해에 따라 일정하지 않고 자가결실률도 낮으므로 수분수를 섞어 심도록 하여야 한다. 수확기간이 길고 과숙되어도 빨리 황화되지 않기 때문에 청매로서의 이용성이 높다. 산간지에서는 '백가하', '옥영' 등의 수분수로 이용된다.

(7) 화향실(花香實, Kamakami)

나무의 세력은 중 정도이고 자람새는 개장성이다. 열매가지의 형성이 잘되는데 특히 중단과지가 잘 발생된다. 새가지는 녹색이나 햇빛을 받는 면이 약간 붉은색을 띤다. 개화기가 늦고 꽃잎은 옅은 분홍색으로 21매 이상이다. 꽃가루는 매우 많아 수분수로 많이 이용되며 해거리는 적다.

과실은 짧은 타원형으로 연녹색을 띠나 햇빛을 받는 면이 붉게 착색되어 청매로서는 상품가치가 다소 떨어진다. 과실 무게는 25g 내외이며 내병성이 강하다. 절임용과 농축 과즙용으로 이용된다.

재배상 유의할 점으로는 품질이 다소 나쁘므로 주품종보다는 수분수용 품종으로 이용하는 것이 바람직하다.

(8) 풍후(豊後, Bungo)

일본에서 오래전부터 재배되어 온 품종으로 육성 내력은 불분명하나 살구와의 교잡종으로 알려져 있는 품종이다. 나무의 세력은 강하고 나무 자람새는 직립성이다. 가지는 굵고 길며 초기에는 웃자란 가지나 장과지의 발생이 많으나 후기에는 단과지가 많이 발생되어 성과기 이후의 수량이 높다. 잎은 비교적 둥글고 큰 편이어서 살구와 많이 닮았다. 개화기는 늦고, 내한성이 강하여 일본에서는 고위도의 추운 지역에서 많이 재배되고 있다.

과실은 점핵성이고 과피는 옅은 황녹색이다. 과실 무게는 40g을 넘는 것도 있을 정도로 대과이다. 절임용으로는 적합하지 않으나 과육률(果肉率)이 높아 잼, 주스, 농축 과즙용으로는 적합하다.

재배상 유의할 점으로는 나무의 세력이 왕성하고 결과기가 늦기 때문에 초기부터 세력을 안정시켜야 한다. 검은별무늬병에 약하므로 철저한 방제가 필요하다.

(9) 천매(Cheonmae)

전남 순천시가 1992년 청축계통의 매실 재배포장에서 발견하여 2011년에 신품종보호 등록된 품종으로 순천, 광양 등 매실 주산지에서의 재배면적이 증가하고 있으며 왕매실로 묘목이 판매되기도 한다.

나무 생장습성은 개장성이고 세력은 중간 정도이며 꽃눈은 단과지와 1년생 가지에 주로 분포한다. 꽃의 형태는 홑꽃이며 꽃잎 색은 흰색이고 꽃가루 양은 적다. 과실의 크기는 18.2g으로 모양은 타원형이며 봉합선의 깊이는 얕다. 과피색은 연녹색이며 과실 표면의 안토시아닌 색소 착색은 없거나 매우 약하다. 만개기는 순천지방을 기준으로 3월 24일이며 숙기는 6월 13일이고 수확 전 낙과 정도는 중간이다. 자가불화합성이므로 수분수를 섞어 심어야 한다. 다른 품종에 비하여 검은별무늬병에 강하다. 착즙량이 많아 진액용(엑기스) 및 주스용으로 적합하다.

(10) 소매류(小梅類)

과실 무게가 4~5g 정도인 작은 품종들로 갑주최소(甲州最小), 갑주심홍(甲州深紅), 용협소매(龍狹小梅), 백옥(白玉), 황숙(黃熟), 직희(織嬉) 등이 이에 속한다. 개화기가 매우 빠르고 길어 늦서리 피해가 가장 심한 품종들이다.

나무의 세력은 약하고 자람새는 직립성이며 가지가 가늘고 길며 가지 발생

표 46 매실 주요 품종의 특성

품종명	나무세력	나무자람새	개화기	꽃가루양	자가화합성	과중(g)	내병성	비고
남 고	중	개장성	3중하	다	저	20~25	흑성병, 궤양병, 유리나방 약	풍산성, 절임용
고 성	강	반직립	3하	극소	무	20~25	강	풍산성, 양조용
옥 영	강	반개장	4상	극소	무	25~30	강	풍산성, 양조용
백가하	강	개장성	4상	극소	무	25~30	흑성병 약	풍산성, 양조용
앵 숙	강	반직립	3하	다	극저	20~25	궤양병, 수지장해 약	풍산성, 양조용
매 향	강	개장성	3하	다	저	25~30	강	양조용
화향실	중	개장성	3하	다	고	20~25	강	풍산성, 절임용
임 주	중	반직립	4상	다	고	20	흑성병 약	풍산성, 절임용
풍 후	강	직립	4상	극소	극저	30~40	흑성병 약	품질 낮음
갑주최소	중	직립	3중하	다	고	4~5	궤양병 약	절임용
천 매	중	개장성	3하	소	극저	18.2	흑성병 강	진액·주스용

이 드물고 단과지 발생 수가 적다. 새가지는 옅은 갈색을 띠며 꽃은 작고 백색인 홑꽃이다. 꽃가루가 많고 자가결실성이 높아 따뜻한 지방에서의 수분수로 알맞다.

과실은 붉은색으로 착색되며 숙기는 6월 중순경으로 매우 빠르다. 수확이 늦으면 누렇게 황화되어 자연낙과 된다. 양조용으로는 알맞으나 절임용으로도 좋다. 수량이 낮고 수확 노력이 중대과종보다 많이 소요되며 세균성구멍병의 발생도 심하다.

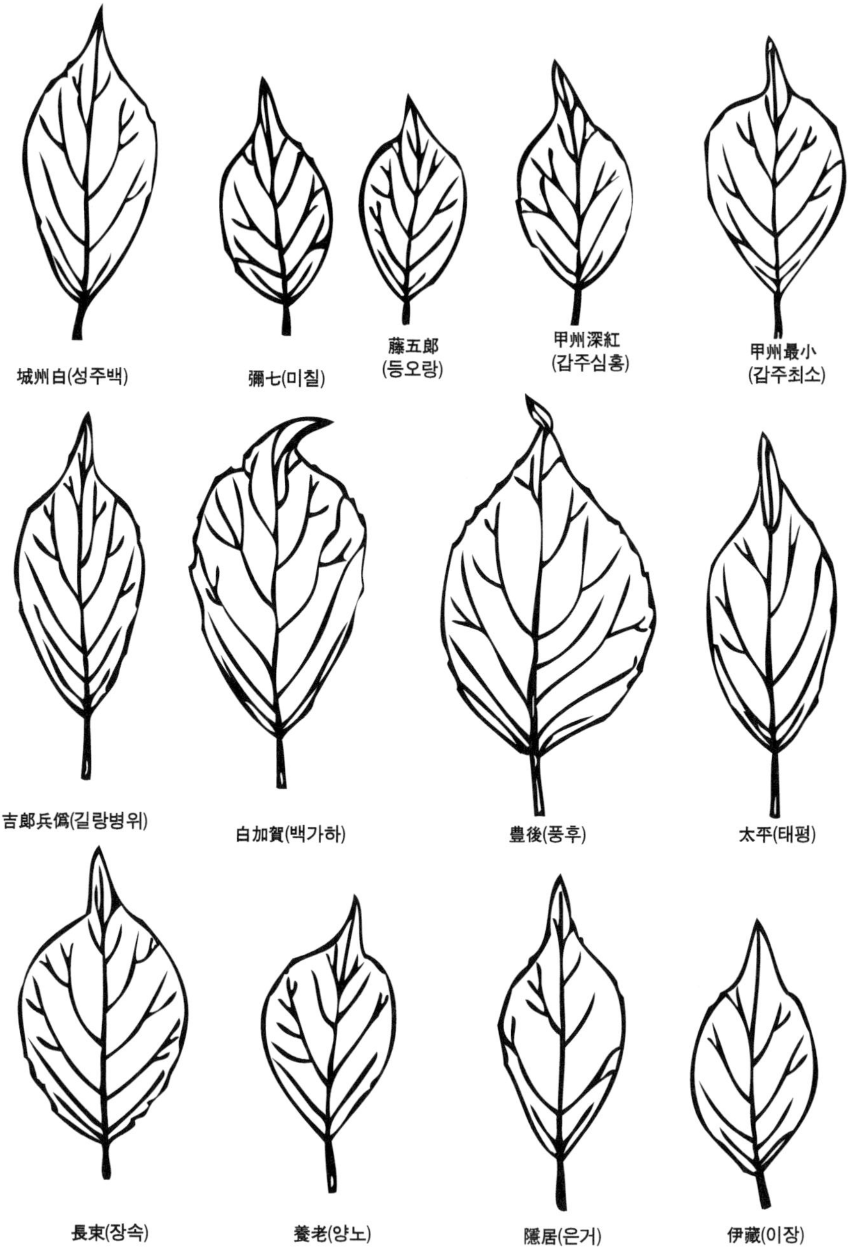
城州白(성주백)
彌七(미칠)
藤五郎
(등오랑)
甲州深紅
(갑주심홍)
甲州最小
(갑주최소)
吉郎兵衛(길랑병위)
白加賀(백가하)
豊後(풍후)
太平(태평)
長束(장속)
養老(양노)
隱居(은거)
伊藏(이장)

(그림 56) 매실의 품종별 잎의 형태적 특성

표 47 매실 품종별 꽃의 특징

품종	꽃잎 색	꽃잎 수	꽃잎 길이 (mm)	수술 수	꽃의 크기	꽃가루 양	불완전화 발생 정도
소 매	백	5*	9.1	56.3	소	다	중
갑주최소	백	5*	9.3	53.0	소	다	중
갑주황숙	백	5	8.1	51.9	소	다	소
갑주심홍	백	5	8.7	50.0	소	다	소
청 축	백	5	9.8	48.0	중대	소	중
백가하	백	5*	9.8	51.2	대	극소	소
앵 숙	연분홍	5	9.1	52.0	대	다	중
옥 영	백	5*	10.3	50.0	대	소	소
고 성	백	5	-	-	대	소	소
장 속	백	5	9.7	53.0	대	중	중
양 노	담홍	5*	9.3	55.3	중	중	중
등오랑	담홍	5*	7.9	64.0	중	중~다	-
화향실	담홍	22**	6.9	67.2	소	다	다
임 주	담홍	25~26**	8.3	58.2	중	다	극다
성주백	백	5*	8.0	50.9	중대	다	중
남 고	백	5	8.9	51.6	대	다	소
풍 후	담홍	5	12.5	40.1	극대	소	소

* : 때로는 6~7매, ** : 겹꽃

자두·매실

02 재배역사 및 재배현황

Plum

중국의 시경(詩經, 기원전 12~6세기) 국풍(國風) 소남(召南)에 표유매(摽有梅, 익어 떨어지는 매실)라는 시가 있고 중국 최초의 본초서인 신농본초경(神農本草經, 서기 6세기)에 매실의 약효가 기록되어 있는 것으로 보아 매실 재배역사는 오래된 것으로 추정된다. 우리나라에서는 삼국사기 고구려본기 대무신왕(大武神王) 24년(서기 41년) 추8월조(條) 음력 8월에 매화가 피웠다(八月梅花發)라는 기록이 있고 계원필경(9세기)에도 소개되어 있는 것으로 미루어 보아 오래 전부터 재배된 것으로 추정된다.

표 48 도별 매실 재배면적

(단위: ha)

시·도	1982	1987	1992	1997	2002	2007
전국	155.9	481.0	880.3	1,315.2	2,605.2	4,418.1
경기	1.0	1.0	3.8	1.5	14.3	56.1
강원	0.3	0.2	2.0	1.8	10.1	63.2
충북	0.1	1.2	4.6	2.0	14.7	48.7
충남	5.3	12.5	5.8	8.8	41.4	139.6
전북	7.4	88.5	60.5	130.1	338.1	513.0
전남	50.0	249.1	556.6	746.2	1,140.3	2,019.2
경북	1.1	9.2	26.8	39.6	176.6	295.1
경남	90.1	118.7	200.4	368.5	781.5	1,036.7

※ 자료 : 농림부, 각 연도 과수실태조사

우리나라의 매실 재배면적은 1982년에는 150ha로 적었으나 참살이(웰빙) 소비 풍조에 따라 건강식품에 대한 관심이 높아져 2000년대에 들어와 급격히 늘어나 2007년도에는 4,418ha로 크게 증가하였고(표 48) 이후에도 꾸준히 증가하였으나 최근에는 생산량 과잉으로 다소 감소하고 있는 추세이다. 정확한 통계는 없으나 2011년도 5대 주산지의 매실 생산량이 19,801톤인 점을 감안하면(표 49) 우리나라의 매실 총생산량은 3만 톤 이상일 것으로 추정된다.

표 49 ▶ **2011년도 매실 주산지 주요 시·군 재배면적 및 생산량**

(단위: ha)

구분	소계	광양	순천	하동	순창	임실
재배면적(ha)	2,642	1,193	706	235	250	257
생산량(톤)	19,801	8,174	6,882	1,646	1,300	1,799

※ 자료 : 각 시군 통계자료

2007년도 시·군별 재배면적은 전남 광양이 755.7ha로 가장 많고 그 다음이 순천, 하동, 순창 등의 순으로 많은데(표 50) 이들 주산지들은 연평균 기온이 12~15℃이고 개화기 중의 기온이 10℃ 이상으로 개화기 늦서리 피해가 적은 지역이다.

표 50 ▶ **연도별 매실 주산지 재배면적 변화**

(단위: ha)

시·군	1982	1987	1992	1997	2002	2007
광양	1.4	3.5	55.3	183.0	289.1	755.7
순천	7.0	21.8	92.2	146.5	321.8	502.4
하동	3.1	8.1	71.6	96.6	197.0	379.1
순창	1.0	22.7	4.3	65.6	132.6	205.2
임실	0.9	58.2	23.6	43.3	104.8	153.7
진주	12.4	22.4	30.0	66.1	144.0	153.3
곡성	3.3	18.2	34.3	44.5	51.0	133.5
사천	2.9	8.7	236.0	21.0	69.8	91.4
산청	37.5	24.4	11.1	-	-	-

※ 자료 : 농림부, 각 연도 과수실태조사

주요 재배품종은 우리나라 최고 매실 주산지인 광양시의 경우 '백가하'와 '남고'이며 그 밖에 '옥영', '고성', '앵숙' 등과 같이 오래전부터 일본에서 육성된 품종과 순천시에서 육성한 '천매'와 재래종이 있다(표 51).

표 51 광양시의 매실 품종별 재배면적(2008년, ha)

계	백가하	남고	옥영	청축	천매	고성	재래종	앵숙	기타
983	406	231	78	74	62	46	37	28	21

※ 자료 : 광양시 내부자료

한편 일본에서의 매실 결과수 면적 및 수확량은 1975년에 14,500ha에서 62,500톤이 생산되었던 것이 매년 증가하여 2006년에는 18,000ha에서 119,700톤이 생산되었다가 최근에는 그 면적과 수확량이 약간 감소하고 있는 추세에 있다(표 52).

표 52 일본의 연도별 매실 재배면적, 생산량 변화

연도	결과수 면적(ha)	수확량(톤)	출하량(톤)
1975	14,500	62,500	45,100
1980	14,300	64,000	47,300
1985	15,000	79,700	64,000
1990	15,500	97,100	80,400
1995	17,200	121,000	102,800
2000	17,400	121,200	104,500
2005	17,800	123,000	105,100
2010	16,900	92,400	79,700
2011	16,600	106,900	92,700

※ 자료 : 일본 농림수산성 통계

2011년도 현별 결과수 면적 및 수확량은 와카야마현이 5,140ha에서 106,900톤으로 전체 수확량의 61.1%를 차지하고 있으며 그다음이 군마현으로 1,090ha에서 6,640톤을 수확했다(표 53).

일본의 매실 가공품(매실장아찌, 매실 절임) 주요 수입국은 중국으로 2011년도에는 9,015톤이 수입되었으며, 그 외에도 대만, 베트남과 우리나라로부터 수입되고 있다(표 54).

표 53 ▶ **2011년도 일본의 주요 산지별 매실 재배면적 및 생산량**

도도부현	결과 면적(ha)	10a당 수량(kg)	수확량(톤)	출하량(톤)
전국	16,600	644	106,900	92,700
와카야마(和歌山)	5,140	1,270	65,300	63,000
군마(群馬)	1,090	609	6,640	5,770
후쿠이(福井)	499	300	1,500	1,340
카나가와(神奈川)	443	438	1,940	1,670
나라(奈良)	366	702	2,570	2,460
토쿠시마(德島)	230	419	964	782

※ 자료 : 일본 농림수산성 통계

표 54 ▶ **일본의 최근 매실 가공품 수입 현황**

(단위: kg, 1,000엔)

수입국		2008	2009	2010	2011	2012
중국	수량	4,195,022	4,694,726	8,509,635	9,014,618	5,746,720
	금액	1,618,070	1,504,081	2,880,788	3,355,380	2,226,147
대만	수량	25,530	36,634	12,200	19,868	5,680
	금액	16,826	40,181	7,837	11,535	4,299
베트남	수량	-	234	4,410	6,012	5,418
	금액	-	316	4,980	6,870	5,938
한국	수량	-	1,500	6,604	200	5,100
	금액	-	1,058	3,483	331	2,082

주) 2012년도 통계치는 8월까지의 누적치임

※ 자료 : 일본 재무성 무역통계

2009년도 현재 일본에서 생산되는 매실 품종은 53품종이며 품종별 재배면적은 '남고'가 5,844.3ha로 가장 많아 전체 재배면적의 45.9%를 차지하고 있으며 그다음이 '백가하' 2,303.8ha, '용협소매' 610.9ha 순으로 많다. 그 밖의 품종으로는 '앵숙', '풍후', '홍사시', '소매', '소립남고', '고성', '갑주소매', '매향' 등의 품종이 200ha 이상의 면적에서 재배되고 있다(표 55).

표 55 ▶ **일본의 최근 매실 가공품 수입 현황**

(단위: kg, 1,000엔)

품종	2005	2009	주산지별 면적
남고(南高)	5,651.3	5,844.3	와카야마(4,513), 가고시마(224)
백가하(白加賀)	2,585.6	2,303.8	군마(513), 이바라키(255), 미야키(236)
용협소매(竜峽小梅)	737.4	610.9	나카야마(473)
앵숙(鶯宿)	558.4	407.0	나라(97), 토쿠시마(82)
풍후(豊後)	444.6	387.4	
홍사시(紅サシ)	394.6	373.7	
소매(小梅)	416.6	368.2	
소립남고(小粒南高)	385.9	361.2	
고성(古城)	355.3	297.0	
갑주소매(甲州小梅)	317.4	274.1	
매향(梅郷)	216.1	211.5	
옥영(玉英)	204.0	165.5	
대매(大梅)	19.1	103.0	

※ 자료 : 일본 농림수산성 통계

03 매실의 **영양적 가치** 및 **약리 효과**

　　본초강목 등 본초서의 기록에 의하면 매실은 만성 기침, 하열에 의한 가슴의 열기나 목마름, 학질, 만성설사, 혈변, 혈뇨 등을 치료하는 것으로 알려져 있는데 매실 생과 및 소금 절임에는 각종 무기영양소와 비타민이 함유되어 있을 뿐만 아니라(표 56) 약리성분인 구연산(citric acid)이 4.0~4.9%, 시아나이드(cyanide)가 0.05~0.06㎎/100g 들어 있고 그 밖에도 항산화 활성 물질인 루틴(rutin), 리오니레시놀(lyoniresinol), 혈액 촉진 기능을 하는 무메푸랄(mumefural) 등이 보고되어 있다.

　　이러한 성분들은 피로회복, 간 기능 회복, 당뇨병 개선, 항암작용, 혈압상승 예방 등과 같은 생리활성 효과를 가지고 있다.

표 56 매실의 영양성분(가식부 100g당)

영양성분		생과	소금 절임
열량(kcal)		28	33
수분(g)		90.4	65.1
단백질(g)		0.7	0.9
탄수화물(g)		7.9	10.5
식이섬유 총량(g)		2.5	3.6
지질(g)		0.5	0.2
회분(g)		0.5	23.3
무기질	칼슘(mg)	12	65
	나트륨(mg)	2	8700
	인(mg)	14	21
	철(mg)	0.6	1.0
	칼륨(mg)	240	440
	마그네슘(mg)	8	34
	아연(mg)	0.1	0.1
	구리(mg)	0.05	0.11
비타민	A카로틴(μg)	240	83
	A레티놀당량(μg)	40	14
	B1(mg)	0.03	0.02
	B2(mg)	0.05	0.01
	B5(판토텐산)(mg)	0.35	0.12
	B6(mg)	0.06	0.05
	C(mg)	6	0
	E(mg)	3.5	0.5
	나이아신(mg)	0.4	0.4
	엽산(μg)	8	1

※ 자료 : 일본 문부과학성 식품성분데이터베이스

자두·매실

04 재배환경

P l u m

가 기상조건

(1) 기온

　매실나무는 따뜻한 기후를 좋아하며 연평균기온이 12~15℃되는 지역에서 안전하게 재배될 수 있다. 생육기인 4월은 19℃, 10월은 21℃, 개화기는 10℃ 이상, 성숙기는 22℃가 알맞다. 개화기의 저온 저항온도는 -8℃이나 개화 후의 어린 과실일 때는 -4℃가 한계온도(限界溫度)이다. 매실은 다른 과수보다 휴면기간이 짧아서 겨울철의 온도 변화에 예민하기 때문에 개화기가 해에 따라 심하게 다르다. 겨울철이 따뜻한 남부지방이나 따뜻한 해에는 개화기가 너무 빨라져 서리피해를 받기가 쉽고 불완전화의 발생이 많을 뿐만 아니라 꽃가루를 옮겨주는 꿀벌과 같은 방화곤충(訪花昆蟲)의 활동이 활발하지 못하여 충분한 수분(受粉)이 이루어질 수 없어 결실률이 매우 낮아진다. 그러나 겨울철 기온이 낮은 지방 또는 겨울철 기온이 낮았던 해에는 생육이 늦고 개화기가 자연히 늦어져서 늦서리의 피해를 피할 수 있고 대부분의 품종이 거의 같은 시기에 개화되어 방화곤충의 활동이 활발하므로 수분과 수정(受精)이 잘 이루어져 풍작을 이루게 된다. 대체로 남부의 따뜻한 지방에서 개화기가 빠른 해일수록 개화기가 늦은 해 또는 개화기가 늦은 지방보다 결실이 나쁠 때가 많은데 이는 개화기에 늦서리의 피해를 받기 때문이다(그림 57). 그러므로 개화기에 늦서리가 내리는 지역이나 저온이 빈번한 지대, 바람이 심하게 부는 지대는 따뜻한 지방일지라도 매실재배의 적지라 할 수 없다.

현재 우리나라의 매실 안전 재배지역은 서산, 대전, 김제, 임실, 남원, 거창, 김천, 울진, 강릉을 잇는 선으로 연평균 기온이 12℃ 이상 되는 지역이다(표 57, 그림 58). 그러나 지역에 따라서는 국부적인 기상조건이 크게 다른 경우도 있으므로 경제적인 재배가 곤란한 지역도 있을 것으로 보인다.

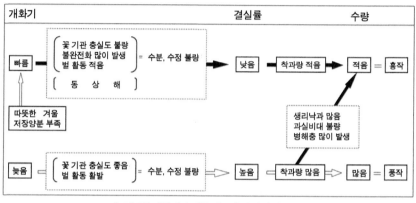

(그림 57) 개화기의 빠름 정도와 결실 간의 관계

(그림 58) 개화기 온도조건에 의한 매실 재배지대 구분(원예연구소, 1994)

표 57 ▶ 매실 재배지대 구분 (원예연구소, 1994)

구분	기상환경		주요 해당지역
	연평균 기온	개화기에 저온 (-5℃ 이하)이 찾아오는 횟수(회)	
최적지	13℃ 이상	0	강진, 여천, 고성, 김해, 양산 등
적 지	13℃ 이상	0.3	해남, 나주, 영광, 장흥, 광양, 하동, 사천, 진양, 창녕 등
불안전 재배지	12~13℃ 내외	0.5	장성, 화순, 보성, 승주, 곡성, 구례, 산청, 합천, 함안, 고령, 경산, 청도 등

(2) 강우량

매실나무는 뿌리가 땅속 깊이 뻗지 않는 천근성이기 때문에 특히 가뭄에 약하다. 또 우리나라의 강우 특성은 장마철과 여름철에 연 강수량의 절반 이상이 집중되는데 5월부터 장마가 시작되기 전까지와 9~10월에는 강우량보다 증발량이 많아 가뭄의 피해가 나타나기 쉽다(그림 59).

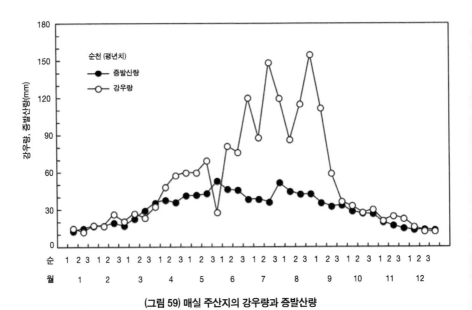

(그림 59) 매실 주산지의 강우량과 증발산량

이 때문에 과실 수확 직전에 토양 수분이 부족하게 되어 과실 비대가 나빠지거나 수확을 앞둔 과실에 햇볕 뎀 피해가 나타나기 쉽다. 이와는 반대로 수확이 대부분 끝나는 장마기 이후에는 집중강우로 인하여 토양 습해를 받기 쉽고 나무는 웃자라 과번무해지기 쉽다. 또 꽃눈분화 및 저장양분 축적이 활발한 가을철에 강수량이 부족하면 광합성작용이 둔화되어 나무의 생장에 나쁜 영향을 준다. 따라서 강우량이 적어 가뭄이 계속되는 봄철과 가을철에는 적절한 관수대책을 세우는 것이 바람직하다.

(3) 일조(日照)

과수원의 일조시간은 방위와 지역에 따라 다르다. 평탄지의 일조시간은 경사지와 골짜기에 비해 하루 2~3시간 정도 긴데 그 차이는 여름보다는 개화기에 크다(표 58).

표 58 ▶ 지형에 따른 평균 일조시간

| 지 형 | 하 지 | 동 지 | 춘(추)분 | 비고 |
	시간:분	시간:분	시간:분	(조사지점)
경사지	10:52	6:08	9:11	20
계곡지	10:36	4:58	8:27	13
평탄지	13:03	8:23	11:23	2

개화기에 일조시간이 길어지면 기온이 상승하여 방화곤충의 활동이 활발해지고 활동시간도 길어져 결실이 좋아진다. 반대로 개화기에 일조시간이 짧아지면 방화곤충의 활동과 꽃을 찾는 횟수가 적어져 결실이 나빠진다.

나 토양 및 지형조건

(1) 토양

매실나무는 뿌리가 얕게 뻗는 성질이 있어 지표면으로부터 20~30㎝ 범위에 잔뿌리의 85%가 분포한다(그림 60).

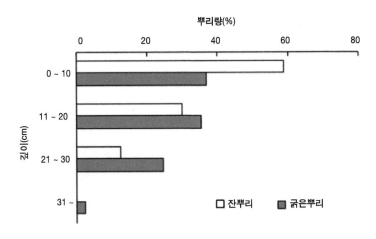

(그림 60) 매실나무의 토양 깊이별 뿌리 분포

그러나 토양에 대한 적응성이 비교적 넓어서 산지재배(山地栽培)도 가능한 과수이다. 보수력(保水力)이 강하고 토양 통기성이 나쁜 점질토양이나 지하수위가 높고 물 빠짐이 나쁜 저습지에서는 나무의 생육이 나빠 세균성구멍병이나 날개무늬병(紋羽病) 발생이 많으며 낙엽이 빠르고 나무의 생육과 결실도 나쁘다. 또 토심이 얕고 메마른 땅에서는 가뭄의 피해를 쉽게 받을 뿐만 아니라 개화기가 빨라지고 낙과도 심한 경우가 있으며 조기낙엽이 일어나기 쉽다. 토양산도(pH)가 4.3 이하의 강산성 또는 7.5 이상의 알칼리성 토양에서는 말라죽는다. 따라서 매실 재배에 알맞은 토양은 토심이 깊고 물 빠짐이 좋은 사양토(砂壤土)이고 토양산도(pH)가 6.5~7.1의 약산성~중성인 토양이다(그림 61).

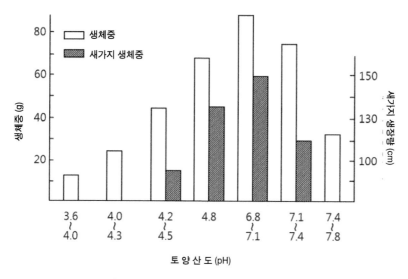

(그림 61) 토양산도에 따른 매실나무의 생육 차이

(2) 지형

　지형이 다르면 과수원에서의 일조시간이 다르게 되는데 특히 곡간지나 산지의 경사지에 있는 과수원에서는 방위나 지형에 따라서 산이나 나무의 그늘 때문에 일조시간이 짧아지는 경우가 많다. 경사면이 남향인 과수원이 일조량은 많지만 토양이 쉽게 건조해지기 쉽고 겨울철에는 원줄기가 얼었다 녹기를 반복하는 과정에서 동해를 받기 쉽다. 이와는 반대로 북향지에서는 나무의 생육에 필요한 일조량이 지나치게 부족하므로 적합하지 않다. 따라서 재배지로서 알맞은 지형은 남서향 또는 서향의 경사지라고 할 수 있다.

다 매실 주산지의 재배환경 특성

　우리나라 매실 주산지 과원의 지형 및 경사 방향별 분포 실태를 조사한 결과 늦서리 등 기상재해와 물 빠짐 불량에 따른 생리장해의 발생빈도가 높을 것으로 예상되는 곡간지와 산록경사지에 분포된 과수원이 전체의 약 58%이었고

구릉지에 분포된 과수원은 약 37%였는데 이중 경사도가 15도 이상인 과수원은 전체 과수원의 약 66%였다. 이들 과원의 토양 물 빠짐 등급별 면적은 물 빠짐이 좋은 토양이 전체의 약 78%로 대부분을 차지하였지만 물 빠짐이 너무 좋아 가뭄 피해를 쉽게 받을 뿐만 아니라 조기 개화 및 낙과 등과 같은 생리장해가 우려되는 토양도 약 8%나 되었으며 습해가 우려되는 토양도 약 14%였다. 토성은 대부분이 식양질토였으나 토양 통기 부족으로 뿌리 뻗음에 어려움이 있을 것으로 예상되는 식질토도 약 10% 정도였다.

우리나라 남부지역 매실 과원의 토양산도는 지형에 따라 다소 차이는 있으나 표토와 심토의 pH 값이 각각 평균 5.7, 5.4로 생육 최적조건보다는 낮은 수준이었고 특히 구릉지에서는 pH 값이 5.2로 낮았다. 따라서 이들 과원에서는 토양산도 교정을 위해 석회 등을 공급해야 할 것으로 판단되었다.

05 번식

P l u m

매실나무의 번식은 대부분 접목(椄木)에 의해 이루어지고 있다. 꺾꽂이(삽목)는 다른 과수에 비해 비교적 잘 되지만 삽목묘는 뿌리가 약하여 나무의 노쇠가 빨라 실용성이 문제된다.

표 59 ▶ 매실 대목의 접목친화성

대목 종류	조 사 자				
	岸本	石崎	鳥潟	陳	徐
매 실	◎	◎	◎	◎	◎
살 구	○	○	◎	◎	◎
복숭아	△	△	×	△	-
자 두	△	×	×	-	○
산 도	-	-	-	△	-
중국앵두	-	-	-	-	○

◎ : 활착 및 생육 양호   ○ : 활착 양호, 생육 대체로 양호   ※ 자료 : 농업기술대계. 과수편 6.
△ : 활착 양호, 조기 노쇠 × : 불친화성

가 대목용 종자 채취 및 저장

매실나무의 대목으로는 매실, 살구, 복숭아, 자두, 산도(山桃, *Prunus davidiana*), 중국 앵두 등이 사용될 수는 있으나 접목친화성 등을 고려하면 매실 공대(共台, 재배품종의 종자를 파종하여 얻은 실생)가 가장 알맞다.

대목용 종자는 소매보다 과실이 중간 크기인 품종이 핵 내의 종자가 충실하여 발아율이 높다. 대목으로 사용할 종자를 채취하기 위해서는 완숙되어 과피가 노랗게 된 과실을 채취하여 그늘지고 선선한 창고 바닥 등에 얇게 펼쳐 2주일 정도 완전히 과육을 썩힌 후 물로 씻어 핵째 채취한다. 채취된 핵(核)은 물기가 마를 정도로 그늘에 2~3일 말린 다음 젖은 모래와 교대로 섞어 층적저장(層積貯藏)한다. 층적저장된 종자는 초겨울에 물 빠짐이 좋은 음지에 노천매장(露天埋葬)하였다가 2월 하순이나 3월 상순에 뿌리(幼根)가 1~2mm 정도 내린 종자를 파종한다. 뿌리가 너무 길면 파종할 때 상처가 나거나 부러지기 쉬우므로 너무 늦지 않게 땅이 녹는 즉시 파내어 파종하여야 한다.

나 종자 파종

파종시기는 3월 상중순에 60×10cm 간격으로 직파를 하거나 보온이 되는 비닐하우스에서 포트에 파종하여 묘가 20cm 정도 자란 4월 중하순 경에 본 밭에 옮겨 심는 방법이 있다. 묘포에 심을 때는 잡초 방제를 위해 흑색비닐 등을 멀칭한 후 이식하는 것이 좋다.

다 접목 방법

접목방법에 대해서는 자두 편을 참조한다.

06 개원 및 나무심기

Plum

가 심는 거리(栽植距離)

　매실나무는 어릴 때부터 생육이 왕성하여 심은 후 9년째가 되면 대체로 성목이 된다. 심는 거리는 품종과 토양의 비옥도, 과원의 입지조건 등에 따라 다르지만 비옥지에서는 5×6m(33주/10a) 또는 6×6m(28주/10a), 척박지에서는 5×5m(40주/10a), 6×3m(56주/10a)로 한다. 그러나 초기수량 증대와 자본회수기간 단축을 위한 계획 밀식재배의 경우 비옥지에서는 6×3m(56주/10a), 척박지에서는 5×2.5m(80주/10a)로 심는다(표 60).

표 60 매실나무의 심는 거리

구분	비옥지		척박지	
	심는 거리	주 수	심는 거리	주 수
관 행	5×6m	33	5×5m	40
	6×6	23	6×3	56
계획밀식	6×3	56	5×2.5	80

※ 계획밀식 7~12년 후 50% 간벌

나 수분수 섞어 심기

매실나무는 품종에 따라 꽃가루가 전혀 없는 품종, 적은 품종, 많은 품종으로 구분되는데 꽃가루가 없거나 적은 품종에서는 수분수 품종을 섞어 심는 것이 반드시 필요하다. 또, 꽃가루가 있는 품종일지라도 자신의 꽃가루로는 정상적인 수준 이상의 결실을 이루지 못하는 자가불화합성 품종이 있으며 (표 61) 때로는 서로 다른 품종 간에도 타가불화합성이나 개화기의 불일치 등으로 수분수의 역할을 못하는 경우가 있다. 따라서 수분수는 주품종에 대하여 25~30%의 비율로 섞어 심되 3~4가지 품종을 섞어 심는 것이 안정적인 결실을 위하여 바람직하다(그림 62, 63). 과수원의 입지조건, 기반조성 및 심는 방법에 대해서는 자두 편을 참조한다.

표 61 ▶ 주요 품종의 자가결실률과 '백가하'에 대한 친화성

품 종	자가결실률(%)	백가하의 결실률(%)	꽃가루의 양
백 가 하	0	0	극소
옥 영	10	0	극소
도 적	82.0	75.0	다
양 노	2.0	52.4	다
남 고	11.5	68.3	다
매 향	7.5	82.1	다
화 향 실	55.8	66.7	다
앵 숙	1.4	68.0	다
태 평	7.6	59.5	다
갑주최소	50.9	61.5	다

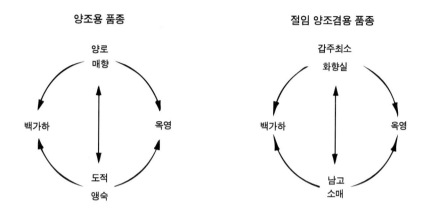

양조용 품종

양로
매향

백가하   옥영

도적
앵숙

절임 양조겸용 품종

갑주최소
화향실

백가하   옥영

남고
소매

화살표 방향으로 수분수가 된다

(그림 62) 매실 주요 재배품종에 대한 수분수 품종

Ⓐ   Ⓐ   Ⓐ   Ⓐ

C   C   C   C

Ⓑ   Ⓑ   Ⓑ   Ⓑ

A   A   A   A

Ⓒ   Ⓒ   Ⓒ   Ⓒ

B   B   B   B

Ⓐ   Ⓐ   Ⓐ   Ⓐ

A : 주품종   B, C : 수분수 품종
◯ : 영구수, 나머지는 간 벌수

(그림 63) 수분수 배치 예

07 정지(整枝) 및 전정(剪定)

가 매실나무의 생육 특성

(1) 정아우세성(頂芽優勢性)이 강하여 한 가지의 끝눈(頂芽)과 그 아래 2~3번째 눈은 세력이 강한 새로운 가지로 자라지만 아래쪽의 눈은 단과지(短果枝)를 형성하거나 숨은 눈(잠아)이 된다. 따라서 하나의 자람가지(발육지)의 중앙부위에서 새로운 자람가지를 발생시키기 위해서는 강한 자름전정이 필요하다.

(2) 매실나무는 복숭아나무나 살구나무에서와 같이 지표면에 가까운 원가지나 덧원가지의 세력이 위쪽의 원가지나 덧원가지보다 강해지기 쉽다. 따라서 원가지를 선정할 때 제1원가지는 원줄기와 제3원가지보다 약한 가지를 선택하지 않으면 위쪽의 원가지와 원줄기 연장지는 해를 거듭함에 따라 약하게 되어 수형이 나빠지게 된다. 원가지에 배치시키는 덧원가지도 같은 현상을 나타낸다.

(3) 매실나무는 잎눈이 많고 숨은 눈의 발아 능력도 오랫동안 유지되기 때문에 새가지 발생이 많다. 그러나 성목이 되어도 원줄기와 큰 가지로부터 웃자

란 가지나 자람가지와 같은 세력이 강한 가지의 발생이 많아 수형을 어지 럽히기 쉽다.

(4) 휴면기간은 짧으나 꽃피는 시기가 빨라 결실불안정의 원인이 되기도 한 다. 그러나 과실의 성숙과 수확기가 빠르기 때문에 어느 정도 과다 결실이 되어도 수확 이후에 저장양분을 축적시킬 수 있는 기간이 길어 나무의 세 력을 회복시킬 수 있기 때문에 해거리 발생이 적다.

나 결과습성(結果習性)

매실나무의 꽃눈은 복숭아나무나 살구나무에서와 같이 새가지의 잎겨드랑 이에 홑눈(單芽) 또는 겹눈(複芽)으로 형성된다. 꽃눈의 분화는 7월부터 8월 중순에 이루어져 대부분의 꽃 기관이 낙엽 전에 완성되어 겨울잠(휴면)에 들어 갔다가 다음 해 봄에 개화한다. 꽃눈이 분화하여 완전한 꽃이 되는 시기는 1월 중순경이지만 나무의 영양 상태에 따라 꽃눈으로 되기도 하고 잎눈으로 되기 도 한다.

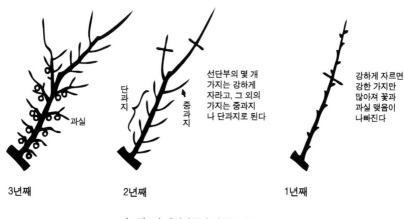

과실

단과지

중과지

선단부의 몇 개 가지는 강하게 자라고, 그 외의 가지는 중과지 나 단과지로 된다

강하게 자르면 강한 가지만 많아져 꽃과 과실 맺음이 나빠진다

3년째

2년째

1년째

(그림 64) 매실나무의 결과 습성

단과지와 중과지에는 홑 꽃눈 또는 겹 꽃눈이 많이 붙고 세력이 강한 중과지에는 꽃눈과 잎눈이 함께 붙는다. 세력이 약한 단과지에는 끝눈만 잎눈이 되고 나머지는 꽃눈만이 붙으나 심하면 뾰족한 가시모양의 가지로 된다.

꽃눈이 많이 붙는 단과지나 중과지는 5월 하순에 신장이 끝나 장과지에 비해 잎 수가 상대적으로 많고 충분한 영양이 공급되어 꽃눈 발달이 좋은 반면 장과지와 웃자란 가지는 8월 늦게까지 자라게 되므로 양분의 축적보다는 소비가 많아 꽃눈 발생 수가 적어 결실량도 적게 된다.

다 정지(整枝)

정지는 목표로 하는 수형(나무 꼴)을 만들기 위하여 골격지를 형성, 유지시켜 가는 작업이다. 매실나무의 기본적인 수형에는 주간형(主幹形)과 개심자연형(開心自然形)이 있으나 주간형은 나무 키가 높아 이를 변형한 변칙주간형(變則主幹形)으로 수형을 바꾸기도 한다. 그러나 매실나무는 개장성(開張性)이 있으므로 복숭아나무처럼 나무 키를 낮추는 개심자연형으로 가꾸어 나가는 것이 보통이지만 배상형에 비해서는 작업효율이 떨어진다(표 62).

(1) 개심자연형(開心自然形)

개심자연형에서는 3개의 원가지를 형성시키는 것이 기본이고 그 원가지마다 연차별 계획에 따라 2~3개의 덧원가지를 형성시킨다. 원가지 수가 많으면 어린나무일 때에는 빈 곳이 없어 수량이 많으나 성목이 됨에 따라 가지 수가 많아지고 수관 내부가 대부분 골격지로 채워져 수량이 낮아지고 최종적으로는 수형을 그르치게 된다.

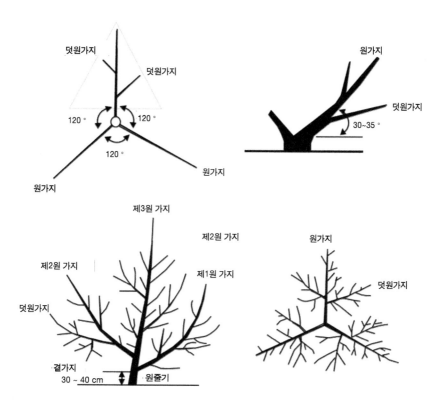

(그림 65) 개심자연형의 수형 구성

표 62 배상형과 개심자연형의 수고 부위별 수량, 수확작업 효율

구 분		수형	
		배상형	개심자연형
수 고(m)		3.0	4.5
수관면적(㎡)		56.5	55.0
1m 이하	수량(kg)	3.5	0
	시간(분)	10	0
	걸음수(보)	110	0
1~2m	수량(kg)	64.2	23.7
	시간(분)	47	21
	걸음수(보)	508	482
2m 이상	수량(kg)	6.5	45.7
	시간(분)	8.5	71.7
	걸음수(보)	115	665
계	수량(kg)	84.5	69.4
	시간(분)	66	92
	걸음수(보)	782	1147
작업효율(kg/1시간)		76.8	45.4

주) 품종 : '백가하', 배상형 17년생, 개심자연형 30년생   ※ 자료 : 松波. 2000. 과실일본 55(2)

가. 1~2년째의 정지

충실한 1~2년생 묘목을 심었을 때는 지표면으로부터 60~70㎝ 높이에서 잘라 충실한 많은 새가지를 발생시켜 원가지 후보지로 키운다. 그러나 뿌리의 발달이 빈약하거나 눈이 충실하지 못한 묘목일 때에는 짧게 남기고 잘라 새로 발생된 새가지 중에서 세력이 가장 좋은 하나만을 키우고 나머지는 기부의 잎눈 2~3개를 남겨두고 짧게 잘라 둔다. 이렇게 남겨진 가지로부터 다음 해에 발생된 새가지 중에서 원가지 후보지를 선정한다.

묘목의 생장이 매우 좋은 경우에는 충실한 부위에서 자르고 지주를 세워 각도를 잡아 유인하여 제3원가지 후보지로 이용한다. 제1원가지의 분지(分枝) 높이는 지상 30~40㎝로 하고 이로부터 20㎝ 정도의 간격을 두고 제

2, 제3원가지 후보지를 선택한다. 원가지와 원가지 사이가 좁으면 장차 바퀴살가지(車枝)가 되어 찢어지기 쉽다. 원가지를 3개로 할 때는 각각 120도의 방향으로 배치하되 개개 나무의 제1원가지는 과수원 전체로 보아 같은 방향으로 배치되도록 한다. 경사지에서는 제1원가지의 분지 위치를 20㎝ 이하로 하고 제1원가지는 경사의 아래쪽으로 신장시킨다. 이는 수고를 낮추고 제3원가지를 강하게 유지시킬 수 있는 장점이 있다.

원가지의 분지각도는 가능한 한 40~50도 이상으로 넓은 가지를 선택하여야 하는데 제1원가지는 50도 이상, 제2원가지는 45도, 제3원가지는 35~40도로 하여 각 원가지 간의 세력 균형이 유지되도록 한다(그림 66).

원가지를 선택할 때 제3원가지는 가장 세력이 강한 가지를 선택하고 제2, 제1원가지의 순으로 굵기가 상당히 차이 나는 약한 가지를 선택하여야 하는데 이는 성목이 될수록 아래쪽 원가지의 세력이 위쪽의 것보다 강해지는 특성이 있기 때문이다.

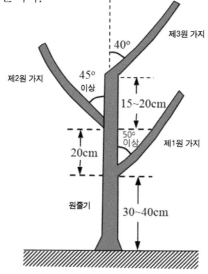

(그림 66) 개심자연형의 원가지 발생 간격과 분지 각도

원가지는 나무의 중요한 뼈대를 만드는 큰 가지로서 크고 곧게 형성되도록 전정과 유인을 실시하며 선단은 1/3 정도로 약간 강하게 잘라 주되 바깥눈을 두고 잘라준다.

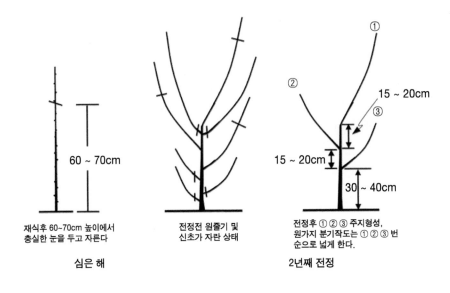

60 ~ 70cm

재식후 60~70cm 높이에서
충실한 눈을 두고 자른다

심은 해

전정전 원줄기 및
신초가 자란 상태

15 ~ 20cm

15 ~ 20cm

30 ~ 40cm

전정후 ① ② ③ 주지형성,
원가지 분기작도는 ① ② ③ 번
순으로 넓게 한다.

2년째 전정

(그림 67) 개심자연형의 1~2년째 정지

나. 3~4년째의 정지

3~4년째의 정지는 덧원가지(副主枝)를 만드는 정지작업이다. 원가지의 선단부에서는 비교적 힘이 강하고 긴 새로운 가지가 몇 개씩 발생하므로 그 중 선단의 가지 하나만 남기고 나머지의 가지는 기부에서 잘라내어 경쟁을 막고 남긴 가지는 1/3 정도 짧게 잘라 원가지 연장지로 한다.

덧원가지는 한 개의 원가지에 2~3개를 배치시키는데 제1덧원가지의 발생 위치는 원가지를 약하게 하지 않고 수관 내부로 햇빛이 들어오는 것을 방해하지 않도록 원가지 분지부로부터 1.0~1.5m 이상 떨어진 가지 중에서 선택한다. 제2덧원가지는 제1덧원가지로부터 1.0~1.5m 이상 떨어진 반대 방향의 가지를 사용한다. 덧원가지는 원가지 연장지와 같은 나이의 가지를 사용하기 때문에 세력이 아주 약한 가지를 쓰고 알맞은 가지가 없을 때는 1년 늦게 선정하여 굵기 차이를 둔다.

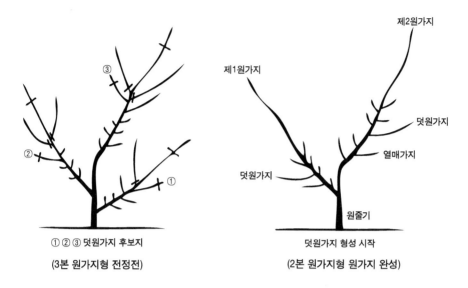

① ② ③ 덧원가지 후보지

(3본 원가지형 전정전)

제1원가지

제2원가지

덧원가지

열매가지

덧원가지

원줄기

덧원가지 형성 시작

(2본 원가지형 원가지 완성)

(그림 68) 개심자연형의 3년째 정지

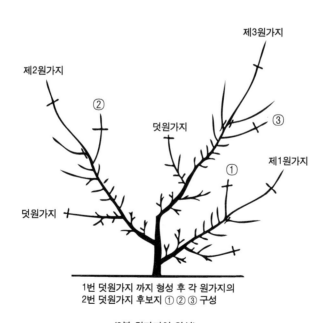

제2원가지

②

제3원가지

덧원가지

③

①

제1원가지

덧원가지

1번 덧원가지 까지 형성 후 각 원가지의
2번 덧원가지 후보지 ① ② ③ 구성

(3본 원가지형 완성)

(그림 69) 개심자연형의 4년째 정지

원가지 선단의 새가지는 약간 강하게 전정하여 수관 확대와 아울러 원가지의 골격을 형성해 가도록 간다. 한편 원가지의 힘이 2개로 갈라지는 일이 없도록 하기 위하여 원가지와 덧원가지의 구분을 명확하게 되도록 신장시킨다. 그러므로 덧원가지의 형성은 같은 해에 2개씩을 형성시키기보다 1년에 하나씩 나무의 세력을 보아가면서 형성시키는 것이 바람직하다.

다. 5년째의 정지

5년째의 전정도 지난해와 같이 원가지와 덧원가지를 곧게 그리고 강하게 만들기 위하여 선단부를 약간 강하게 잘라준다. 이때에는 열매가지가 형성되는 곁가지를 형성시켜야 하는데 원가지와 덧원가지의 측면(側面)이나 사면(斜面)에서 발생한 세력이 강하지 않은 가지를 선정하되 원가지와 덧원가지의 세력을 약하게 할 수 있는 가지는 절대로 배치해서는 안 된다. 원가지와 덧원가지 등면(背面)에서 나온 가지는 힘이 강하고 밑면(腹面)에서

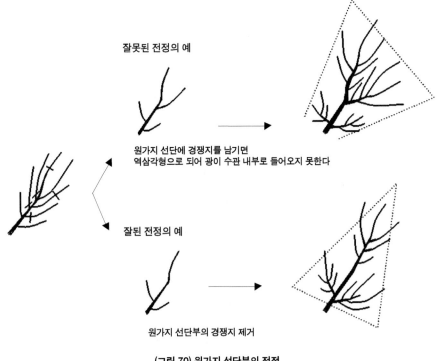

잘못된 전정의 예

원가지 선단에 경쟁지를 남기면
역삼각형으로 되어 광이 수관 내부로 들어오지 못한다

잘된 전정의 예

원가지 선단부의 경쟁지 제거

(그림 70) 원가지 선단부의 전정

170

나온 가지는 너무 힘이 없으므로 세력을 보아 자름 정도를 달리하여 곁가지를 만든다.

배치될 가지는 선단부는 짧게 기부 쪽은 길게 하여 선단부로부터 기부 쪽으로 긴 삼각형이 되게 배치하여야 가지가 서로 겹치는 일이 없고 햇빛이 잘 들어오게 된다(그림 70). 수관 내부의 곁가지와 단과지군(短果枝群)은 결실된 다음 말라죽기 때문에 자람가지를 이용하여 일찍 갱신하도록 노력한다.

라. 전정(剪定)

1) 나무의 나이(樹齡)에 따른 전정 목표

매실나무의 전정은 나무의 나이에 따라 달라져야 하는데 이를 요약하면 (표 63)과 같다.

표 63 ▶ 나무 나이별 정지, 전정의 목표와 방법

나무 나이	전정 목표	전정 강약	전정 방법
어린나무 (4년생까지)	·원가지, 덧원가지 배치 ·수관 확대 ·열매가지 확보	약	·가지 비틀기 ·유인 ·솎음전정
젊은 나무 (5~10년생)	·수관 확대 ·수량을 서서히 증가시킨다.	약간 약하게	·자름전정보다 솎음전정 위주 ·간벌수의 축벌, 간벌 ·가지 비틀기
성목	·곁가지의 갱신 ·수량을 높은 수준으로 유지	중간	·자름전정과 솎음전정을 함께 실시 ·가지 비틀기
노목	·곁가지를 젊게 유지 ·수량 유지	강	·자름전정 위주 ·큰 곁가지 솎아주기

2) 전정의 순서

○ 나무의 상태와 모양을 잘 관찰한 다음 전반적인 전정 방침을 세운다.

○ 골격지의 선단으로부터 기부에 걸쳐 수형을 어지럽히는 웃자란 가지와 지나치게 커진 곁가지 등의 불필요한 가지를 잘라낸다.

○ 세부적인 전정은 원가지, 덧원가지의 선단으로부터 기부 쪽으로 내려가면서 전정을 실시하되 강하거나 쇠약한 곁가지를 제거하여 곁가지와 열매가지를 배치한다. 그러나 수형에 지나치게 집착하게 되면 강전정이 되기 쉬우므로 가까이에 가지가 없는 경우에는 조금 강한 가지라도 남기는 것이 좋다.

3) 원가지와 덧원가지의 전정

원가지와 덧원가지는 상당량의 무게를 갖게 되므로 충분한 각도를 유지시키고 그 선단부를 1/2~1/3씩 매년 잘라 굵고 곧게 신장시켜 수관을 확대시키며 밑으로 처지는 일이 없도록 한다.

4) 곁가지의 전정

곁가지(側枝)는 원가지와 원가지 사이, 덧원가지 사이의 공간을 메워주는 덧원가지보다 작은 가지로 열매가지(結果枝)를 붙이는 가지이다. 이와 같이 곁가지가 많아야 결실량을 증가시킬 수 있지만 그 수가 지나치게 많으면 일조와 통풍이 나빠져 나무 내부의 잔가지가 말라죽고 꽃눈 형성이 나빠지며 낙과가 심해져 수량이 감소된다.

한편 세력이 왕성한 곁가지가 있으면 원가지 또는 덧원가지 등과 구별이 어렵고 수형을 그르치며 결실부위가 적고 수관 밖으로만 형성되어 나무의 크기에 비해 수량이 매우 적다. 그러므로 원가지 또는 덧원가지 내의 곁가지 중 웃자라 세력이 강한 곁가지는 잘라 없애거나 짧게 잘라 새로운 약한 곁가지로 만들어 간다. 또 오래된 늙은 곁가지는 길고 늘어진 빈약한 열매가지를 발생시키고 혼잡하기만 하므로 짧게 잘라 원가지와 덧원가지 가까이에서 고루 배치되도록 한다. 오래된 곁가지에 발생된 열매가지는 결실이 나쁘고 낙과가 심하며 과실 비대도 좋지 않으므로 3~4년 된 곁가지는 제거하여 새로운 곁가지를 만들도록 한다.

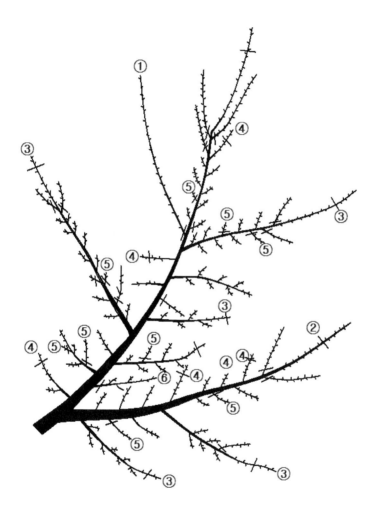

① 큰 웃자람 가지는 기부에서 잘라 냄
② 늘어질 염려가 있으므로 위의 눈을 두고 잘라 세력 유지
③ 곁가지, 열매가지 선단부를 자르고, 경쟁지는 모두 제거
④ 열매가지, 곁가지, 예비지 선단부는 자름전정 실시
⑤ 단과지는 일정간격으로 정리 (솎아내기)
⑥ 그늘진 곳에 있는 가지는 기부에서 잘라 냄

(그림 71) 덧원가지의 전정 요령

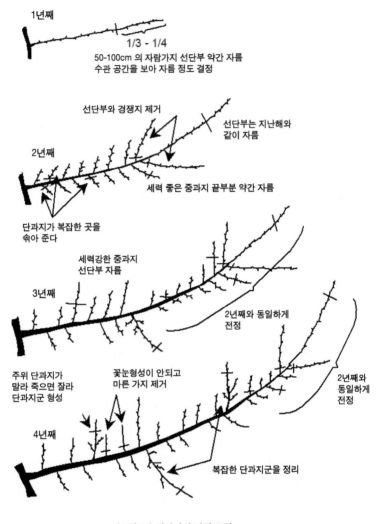

1년째

1/3 - 1/4
50-100cm 의 자람가지 선단부 약간 자름
수관 공간을 보아 자름 정도 결정

선단부와 경쟁지 제거

선단부는 지난해와
같이 자름

2년째

세력 좋은 중과지 끝부분 약간 자름

단과지가 복잡한 곳을
숙아 준다

세력강한 중과지
선단부 자름

3년째

2년째와 동일하게
전정

주위 단과지가
말라 죽으면 잘라
단과지군 형성

꽃눈형성이 안되고
마른 가지 제거

2년째와
동일하게
전정

4년째

복잡한 단과지군을 정리

(그림 72) 곁가지의 전정 요령

5) 열매가지(結果枝)의 형성

열매가지는 단과지(短果枝), 중과지(中果枝), 장과지(長果枝)로 구분
되는데 이 중에서도 단과지 수가 결실에 결정적인 역할을 한다. 단과지
는 길이가 짧은 대신 선단부 눈만이 잎눈으로 자라고 나머지 눈은 모두
꽃눈이며 결실률이 높고 과실도 굵다. 반면 세력이 좋은 중과지와 장과

지는 가지의 길이에 비해 꽃눈 수가 적고 개화가 고르지 않으며 낙과율
이 많고 과실 비대도 나쁘므로 수량 확보를 위해서는 단과지 수를 많게
하는 전정방법이 이루어져야 한다(표 64, 65).

표 64 ▶ **열매가지의 종류와 특성**

열매가지의 길이	저장 양분	개화기	완전화	결실률	생리적 낙과	과실 크기
단과지 (15cm 이하)	많음	빠름, 균일, 짧다	많음	높음	적음	큼
중과지 (15~30cm)	중	-	많음	높음	-	-
장과지 (30cm 이상)	적음	늦음, 불균일, 길다	적음	낮음	많음	적음

표 65 ▶ **열매가지 길이와 과실 크기 및 수확과 수**

열매가지 길이	청 축		백 가 하		옥 영		갑주최소	
	과실크기 (g)	수확과비 (%)	과실크기 (g)	수확과비 (%)	과실크기 (g)	수확과비 (%)	과실크기 (g)	수확과비 (%)
5cm 이하	27.1	56.9	14.7	48.9	22.7	74.3	4.2	61.1
5~15cm	25.6	18.7	14.4	34.4	22.5	21.2	4.3	19.5
15cm 이상	24.4	24.4	14.2	16.4	22.6	4.5	5.6	19.4

단과지는 끝눈을 제외하면 모두가 꽃눈이기 때문에 한 번 열매가지
로 이용하고 나면 세력이 약해져 꽃눈 형성이 나빠지므로 장과지와 자
람가지(發育枝)를 이용하여 계속 새로운 단과지를 형성시켜야 한다. 장
과지와 자람가지 선단의 끝눈이 잎눈으로 되어 있는 것은 단과지와 같
으나 아래쪽의 눈들은 잎눈과 꽃눈을 함께 갖는 겹눈이기 때문에 선단
부를 자르면 그 선단부에서 몇 개의 세력 좋은 자람가지만 나올 뿐 단과
지는 거의 형성되지 않는다(그림 72). 따라서 매실나무의 전정방법은 수
량구성(收量構成)가지, 즉 단과지를 형성시키는 전정이 되어야 하므로
자름전정(切斷剪定)보다는 솎음전정이 주로 이루어져야 한다.

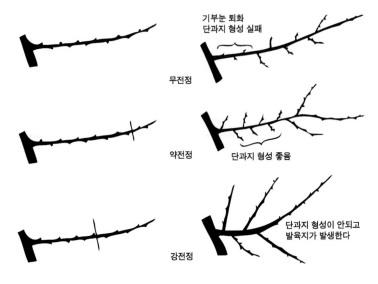

기부눈 퇴화
단과지 형성 실패

무전정

약전정

단과지 형성 좋음

강전정

단과지 형성이 안되고
발육지가 발생한다

(그림 73) 가지의 자름 정도에 따른 가지 발생

6) 세력이 강한 나무의 전정

나무의 세력이 강하고 결실이 불량한 큰 나무와 어린나무는 웃자란 가지와 자람가지의 발생이 많은 것이 특징이다. 이러한 나무를 강전정 (強剪定)하면 다시 새로운 강한 가지만 발생되고 열매가지의 발생은 거의 없으므로 큰 가지를 솎아주는 이외의 전정은 하지 않는 것이 바람직하다. 즉 될 수 있는 한 전정량을 적게 하고 눈 수를 많이 남기도록 하여야 한다. 그러나 윗부분에 발생된 세력이 강한 큰 가지는 밑 부분에서 잘라 없애 수관 내부까지 햇빛이 잘 들도록 해주어야 한다.

7) 세력이 약한 나무의 전정

전정으로 가지가 제거되는 정도에 따라 다음 해의 가지 내에 발생되는 꽃눈 수와 불완전화 발생률이 다르게 되는데 세력이 약한 '베니사시' 20년 생에 대한 전정 정도에 따른 전정 반응을 조사한 결과는 다음과 같다.

10㎝당 발생된 꽃눈 수는 전정을 하지 않은 나무에서는 가장 적은 반면 중전정, 강전정, 극강전정을 실시한 나무에서는 높은 꽃눈 발생밀도를 나타내었다. 또한 결실률도 전정 정도가 강할수록 높은 경향을 나타내었다(표 66).

표 66 전정 정도가 꽃눈 발생 및 결실률에 미치는 영향

전정 정도	꽃눈 밀도 (개/10cm)	불완전화율 (%)	결실률 (%)
극강전정	1.58	24.8	64.9
강 전 정	1.52	30.0	57.6
중 전 정	1.62	22.5	55.5
약 전 정	1.39	24.3	56.0
무 전 정	0.87	37.5	40.5

[1] 품종 : '베니사시(紅さし)' 20년생, 재식거리 : 8×8m, 수형 : 개심자연형
[2] 전정정도는 전정 후 남은 모든 가지의 길이의 합 (극강전정 : 250m, 강전정 : 300m, 중전정 : 350m, 약전정 : 400m)

※ 자료 : 山本. 2000. 과실일본 55(2):40-43

착과 수는 남겨진 열매가지의 총길이가 길었던 약전정에서 많은 경향을 보였지만 약전정에서는 생리적 낙과 수가 많은 반면 중전정과 강전정에서는 착과 수는 적었지만 생리적 낙과 수가 적어 수확과 수가 많았다. 그러나 극강전정에서는 착과량, 생리적 낙과 수, 수확과 수가 다른 전정 처리구보다 적었다(그림 74).

전정방법별 누적수량은 강전정, 중전정에서는 높았으나 극강전정에서는 낮은 경향이었다. 무전정에서는 수량이 극히 낮을 뿐만 아니라 연차 간 수량 차이도 컸으며 약전정에서도 착과가 불안정하여 해거리의 경향을 나타내었다. 또한 무전정과 약전정에서의 과실은 착과량이 많으면 소과로, 착과량이 적으면 대과로 되어 연차 간 과실무게에 있어서도 불안정한 경향을 나타내었다(그림 75).

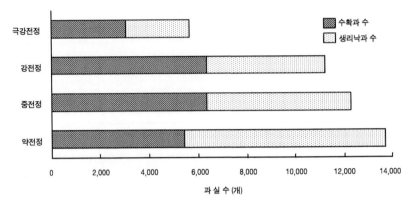

(그림 74) 전정정도가 생리적 낙과 수 및 수확과 수에 미치는 영향

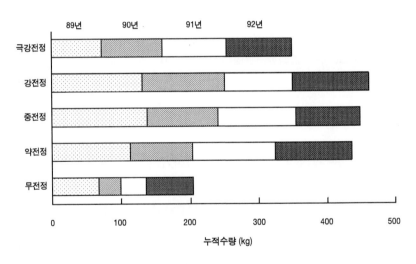

(그림 75) 전정 정도가 누적 수량에 미치는 영향
(山本. 2000. 과실일본 55(2):40-43)

따라서 세력이 약한 품종 또는 나무의 안정생산을 위해서는 다소 강한 전정을 실시하여 꽃눈을 정리함으로써 과다결실을 회피하고 새가지 생장을 적정 수준으로 유지하여 나무의 세력을 유지하는 것이 필요하다.

8) 늙은 나무와 방치한 나무의 전정

늙은 나무와 전정을 하지 않고 방치하였던 나무는 원가지와 덧원가지의 수가 많으며 곁가지가 크고 길게 늘어져 이들 가지들을 서로 구별하기 어려우며 햇빛이 수관 내부까지 들어가지 못하여 결과지가 말라죽어 수관 외부에만 결실부위가 집중되므로 나무크기에 비해서 수량이 매우 적은 것이 특징이다. 이러한 나무에서는 원가지와 덧원가지를 분명히 구별할 수 있도록 기부에서 솎아 자르고 길게 처진 곁가지는 짧게 잘라 나무 골격을 정리한 후 가급적 많은 새가지를 발생시킨 다음 연차별로 수형을 정리하여 열매가지를 형성시킨다.

9) 웃자란 가지의 처리

웃자란 가지는 원가지나 덧원가지의 등면(背面)이나 겨울전정 때 잘라진 굵은 가지 주위에서 발생되는 가지로 그 대부분은 나무 내부로 햇빛이 들어오는 것을 방해하는 불필요한 가지일 뿐만 아니라 그대로 방치하면 수형을 어지럽히게 된다. 그러나 때에 따라서는 이러한 웃자란 가지일지라도 빈 결과 부위를 채우거나 곁가지의 갱신지(更新枝) 등으로

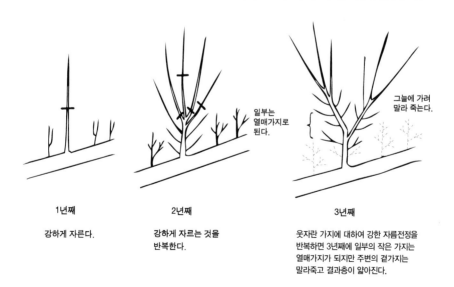

일부는 열매가지로 된다.

그늘에 가려 말라 죽는다.

1년째
강하게 자른다.

2년째
강하게 자르는 것을 반복한다.

3년째
웃자란 가지에 대하여 강한 자름전정을 반복하면 3년째에 일부의 작은 가지는 열매가지가 되지만 주변의 곁가지는 말라죽고 결과층이 얇아진다.

(그림 76) 웃자란 가지의 처리 - 강하게 자른 경우

이용하는 경우가 있다.

웃자란 가지를 강하게 자르게 되면 3년째에는 일부 열매가지가 형성되지만 그 수가 적고 그 가지가 확대되어 수형을 흩뜨릴 뿐만 아니라 형성된 그늘에 의해 그 아랫부분의 단과지들을 말라죽게 한다(그림 76). 따라서 이 웃자란 가지에 단과지가 발생되도록 하기 위해서는 유인과 함께 그 선단을 약하게 잘라야 한다(그림 77).

1년째
그대로 두거나 약하게 자름

2년째
2년째에 열매가지로 된다

(그림 77) 웃자란 가지의 처리 - 약하게 자른 경우

(2) 주간형(主幹形) 및 변칙주간형(變則主幹形)

원가지와 덧원가지의 형성 방법은 개심자연형과 크게 다르지 않으나 원가지 수를 4~5개로 많이 붙이고 원줄기의 끝 부분은 자르지 않은채 계속 유지하면서 수세를 안정시키는 수형이다.

주간형이나 변칙주간형(그림 78)은 개심자연형처럼 초기부터 원가지 후보지를 결정하지 않고 원줄기를 높이 키워가면서 여러 개의 후보지를 양성해 두었다가 위쪽의 원가지 후보지 발생 상태를 보아 가면서 어느 정도의 크기에서 원가지 수가 결정되면 원가지가 될 수 없는 불필요한 후보지는 일정한 공간을 남긴채 기부로부터 솎아내고 원가지 수를 5개 정도로 확정 짓는 방법이다.

그러나 주간형은 나무 키가 높고 위로 자라기 때문에 웃자란 가지의 발생이 적고 어린나무 때부터 나무의 세력이 안정되며 곁가지와 열매가지의 수가 많

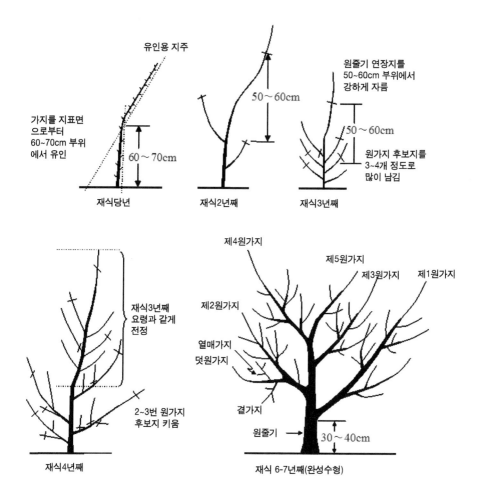

유인용 지주

가지를 지표면
으로부터
60~70cm 부위
에서 유인

$60 \sim 70cm$

재식당년

$50 \sim 60cm$

재식2년째

원줄기 연장지를
50~60cm 부위에서
강하게 자름

$50 \sim 60cm$

원가지 후보지를
3~4개 정도로
많이 남김

재식3년째

재식3년째
요령과 같게
전정

2~3번 원가지
후보지 키움

재식4년째

제4원가지

제5원가지

제3원가지

제1원가지

제2원가지

열매가지
덧원가지

곁가지

원줄기 →

$30 \sim 40cm$

재식 6-7년째(완성수형)

(그림 78) 변칙주간형 수형 구성

아서 일찍부터 많은 수량을 얻을 수 있으나 나무 키가 너무 높기 때문에 관리
상 문제점이 있는 결점이 있다.

(3) 기타 수형

일본에서 저수고 생력재배를 위하여 검토되고 있는 수형에 대하여 간략히
소개하면 다음과 같다.

가. 덕식 수형

매실나무의 재배에 있어 단과지가 주된 열매가지로 활용되기 때문에 일부 품종을 제외하면 장과지가 열매가지로 거의 이용되지 않는다. 그러나 덕을 이용하면 장과지를 수평으로 유인할 수 있어 1년생 장과지도 열매가지로 이용할 수 있고 1m 이상의 가지에도 꽃눈형성이 좋은 경우 열매가지로 이용할 수 있는 장점이 있다. 또 장과지를 이용한 다음 해에는 보통의 경우와 마찬가지로 단과지를 이용하는 형태가 되지만 보통의 경우보다는 단과지 유지가 쉽고 3년째까지도 이들을 이용할 수 있다.

덕식에서 원가지는 2~3개로 하고 덧원가지는 1~2개로 형성시킨다. 원가지, 덧원가지 및 확대를 원하는 곁가지만 그 선단을 30~40°로 비스듬히 눕혀 유인한 다음 잘라 주지만 다른 가지는 모두 덕면에 수평으로 눕힌다. 이렇게 함으로써 나무의 세력이 조절되고 결실이 좋아지게 된다. 또한 열매가지는 1~3년생의 젊은 가지들로만 구성되어 있기 때문에 대과 생산에 유리하다(그림 79).

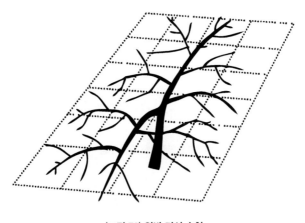

(그림 79) 일반 덕식 수형

이러한 덕식 재배의 효과로는 햇빛이 나무 내부로 잘 들어오기 때문에 충실한 꽃눈이 확보되며 강한 가지도 유인을 해 줌으로써 그 세력이 조절되어 결실되기 쉽고 2년생 단과지가 주된 열매가지가 되며 열매솎기 작업이 손쉬워 대과가 생산된다(그림 80).

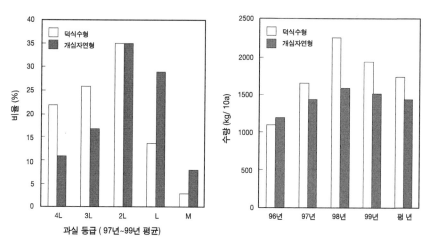

(그림 80) 덕식과 개심자연형의 과실 등급 및 연차별 수량 비교

(松波. 2000. 과실일본 55(2):26)

나. Y자형

일반적인 Y자형은 뉴질랜드나 호주 등에서 복숭아 재배수형으로 널리 사용하고 있는 타튜라 수형(Tatura Trellis)과 유사한 것을 말하는데 이 수형으로 재배할 경우 개심자연형보다는 연차별 수량 및 누적수량이 훨씬 더 많다(그림 81). 이와 같은 일반 Y자형 이외에도 일본에서는 저수고 생력재배

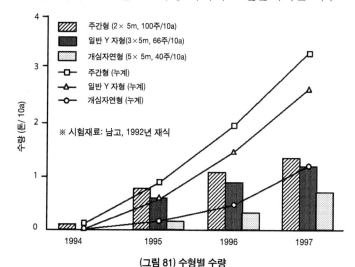

(그림 81) 수형별 수량

(小池. 1998. 農耕と園藝. 53(2):151-153)

를 위한 새로운 수형으로 Y자 울타리식과 T바-Y자식이 검토된 바 있다(그림 82). 이들 수형 재배에서의 심는 거리는 어느 경우나 5×4m이다. 또 두 경우 모두 2개의 원가지를 좌우로 벌려 Y자형으로 만드는 것은 같지만 곁가지와 열매가지를 다루는 방법이 서로 다르다. 즉 Y자 울타리식에서는 원가지에 대하여 곁가지나 열매가지를 비스듬하게 유인하지만 T바-Y자형에서는 원가지에 대하여 곁가지나 열매가지를 수평으로 유인하여 묶어준다.

이들 수형은 개심자연형에 비해 수량은 비슷하거나 약간 높을 뿐이지만 수확 작업 효율은 1.5~2배로 높다(표 67). 이들 수형의 단점으로는 그 어느 경우나 모두 전정작업에 시간이 많이 걸린다는 것이다. 또 Y자 울타리식에서는 기부의 가지가 비대해지기 때문에 선단부가 쇠약해지기 쉬워 Y자형이 만들어지기가 어렵다. 한편 T바-Y자식에서는 Y자를 만들기는 쉽지만 결과 부위가 50㎝ 정도의 낮은 곳으로부터 2m까지 수평면으로 되어 있기 때문에 수확 시에는 덕 아래로 기어 들어가 작업을 해야 하므로 작업이 힘들다.

다. 사립울타리식

X자형으로 조립한 지주를 60° 정도로 비스듬히 눕히고 그 울타리에 2개의 원가지를 좌우로 벌려 발생된 가지를 사면(斜面)에 붙도록 유인하는 수형

표 67 ▶ 수형별 수량 및 수확 작업 효율

수 형	수고 (m)	수관 면적 (㎡)	수량(kg) 나무당	수량(kg) 10a당	수량(kg) ㎡당	수확 효율 걸음수/ kg	수확 효율 kg/ 시간	전정 시간 (10a당)	심는 주수 (10a당)
Y자 울타리식	2.0	18.0	29.0	1,450	81	17.1	73.5	21.6	50
T바-Y자식	2.0	10.0	26.7	1,335	134	18.3	58.1	46.0	50
사립울타리식	2.0	5.0	14.5	972	19	15.3	69.2	23.1	67
덕식	2.0	42.0	112.6	2,252	54	3.0	92.3	36.7	20
T바-덕식	2.0	14.5	32.6	1,174	81	10.5	83.7	9.7	36
배상형(대비)	3.5	54.0	54.0	1,085	20	25.8	31.2	27.0	18

주) 사립울타리식 6년생, T바-덕식 4년생, 그 외는 15년생 '백가하'

※ 자료 : 松波. 1998. 과실일본 53(9):151.

이다. 이 수형은 가장 단순한 수형으로 한 나무당 수량은 15kg 정도로 낮지만 심는 주수가 67주/10a로 가장 많다. 심는 거리는 5×3m이다(그림 82).

라. T바-덕식

평덕식의 개량형으로 검토되고 있는 수형으로 폭 3m 파이프를 지면으로부터 2m의 높이에 설치하여 3m의 덕면을 만들고 열간에는 2m의 공간을 둔 형태이다(그림 82).

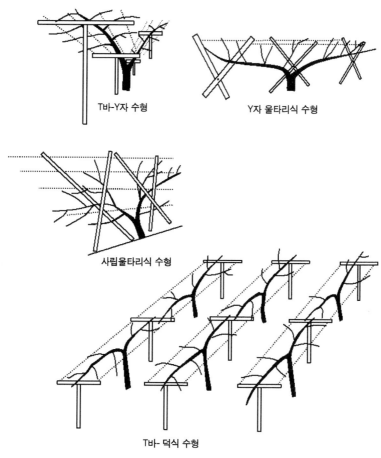

(그림 82) 매실 저수고 재배를 위한 여러 가지 수형

(松波. 1998. 農耕と園藝 53(9):150-153)

열간이 비어 있기 때문에 작업이 편리하며 수형이 단순하여 덕재배에서와 같이 전정, 유인에 많은 시간이 소요되지는 않는다. 또 덕을 스스로 설치할 수 있어 시설비가 적게 든다.

(마) 수평형

재식 후 2년 동안 웃자란 가지 2개를 곧게 키운 다음 3년째에 수평에 가깝게 유인하되 원가지의 선단은 약간 일어서게 하여 신장이 잘되도록 한다. 그러나 원가지 후보지는 원줄기에 대하여 분지각도가 큰 것을 선택하지 않으면 유인할 때에 찢어지기 쉽다.

원가지를 수평에 가깝게 유인하기 때문에 원가지의 등면으로부터 웃자란 가지가 발생되어 촛대형으로 된다. 이 웃자란 가지를 잘라 내지 않고 다음 해 단과지를 발생시켜 결과부위를 형성시킨다. 이 열매가지가 쇠약해지기 전에 다음 해의 웃자란 가지를 이용하여 새로운 열매가지를 확보하여 갱신해 가는 방법이다.

울타리의 간격은 1.8m, 나무와 나무 사이는 5.4m로 10a당 심는 주수는 100주이며 원가지는 지표면으로부터 1m 정도의 높이까지 유인한다(그림 83).

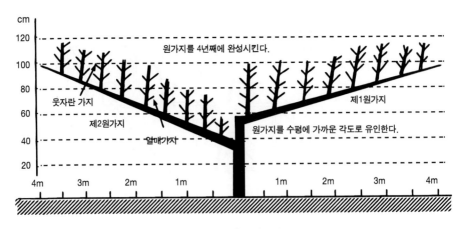

(그림 83) 수평형의 기본 수형(농업기술대계, 과수편, 6)

라 여름전정

(1) 목적

나무가 과번무한 상태에서는 햇빛이 나무 내부로 잘 들어가지 못하여 수관의 내부는 조기에 낙엽이 지거나 가지가 말라죽어 결과(結果) 부위가 수관 바깥쪽으로 한정되게 된다. 따라서 여름전정은 나무의 내부까지 햇빛이 잘 들어오도록 불필요한 가지를 제거하거나 순지르기 또는 유인해 줌으로써 수관 내의 모든 잎에서 탄소동화작용(광합성)이 잘 이루어지도록 하여 꽃눈분화를 촉진시키고 저장양분이 많이 축적되게 하는데 그 목적이 있다.

여름전정은 겨울전정과 달리 전정 정도가 강할수록 나무의 세력이 약해지는 결점이 있으므로 여름전정을 실시할 때에는 항상 나무의 세력을 확인할 필요가 있다. 여름전정으로 제거할 가지는 나무 내부로 햇빛이 들어오는 것을 방해하는 가지를 위주로 한다. 이런 가지들을 겨울전정 때 자르게 되면 강한 신초가 발생되어 가지 간의 세력 균형이 깨지기 쉽지만 여름전정에서는 그런 염려가 적다.

(2) 시기

낙엽과수에 있어서 뿌리 생육은 1월 하순~2월 상순과 9월 상중순 두 차례에 걸쳐 일어나는데 9월에 시작되는 두 번째의 뿌리 생육은 지상부와의 균형을 맞추기 위한 것이라고 알려져 있다. 따라서 이 시기에 불필요한 가지를 제거해 줄 수 있는 여름전정을 실시함으로써 불필요한 뿌리의 생육을 억제하여 저장양분의 낭비를 방지할 뿐만 아니라 겨울전정에 의해 많은 가지를 일시에 제거함으로써 발생되는 지상부와 지하부 간의 불균형을 완화시켜주고 다음 해의 웃자란 가지 발생을 억제할 수도 있다.

이와 같이 여름전정을 실시하는 가장 좋은 시기는 새 뿌리의 신장이 다시 시작되는 9월 상중순이다. 실시 시기가 이보다 빠르면 2차지(부초)의 발생이 나타나고 나무 세력이 떨어지는 경우도 발생된다. 반대로 시기가 너무 늦어지면 나무의 세력이 떨어지게 하는 데는 크게 영향을 미치지 않지만 저장양분 축적이 적어져 본래 목적을 달성할 수 없다.

표 68 ▶ **여름전정의 매실 수량 증대 효과(원예연구소 배시험장, 1996)**

구분	수령별 수량(kg/주)					누적수량 (kg)
	3년생	4년생	5년생	6년생	7년생	
여름전정	1.4	15.6	31.8	39.2	33.5	121.5
여름전정＋겨울전정	2.1	11.1	30.0	33.7	32.1	109.0
겨울전정	2.0	8.7	23.6	30.5	28.4	93.3

품종:'옥영'(7년생), 수형: 개심자연형(4×5m)

표 69 ▶ **여름전정이 매실 고성 품종의 성목 수량에 미치는 영향**

구분	1주당의 수량(kg)				
	전정 전	1년째	2년째	3년째	4년째
8월 전정	25.1 (100)	43.7 (174)	30.7 (122)	17.5 (70)	52.1 (208)
9월 전정	35.5 (100)	69.2 (195)	78.7 (222)	92.0 (259)	100.4 (283)
겨울전정	42.6 (100)	54.7 (128)	75.8 (178)	76.7 (180)	79.1 (186)

※ ( )내의 값은 전정 전의 수량 100에 대한 비교치임

| 첫해 | 다음해 |

나무 세력 판단 기준

약 : 열매가지보다 새가지가 짧고 잎 색이 옅으며 단과지가 많다.

중 : 열매가지보다 새가지가 비슷한 정도이거나 약간 길고 웃자람 가지가 다소 발생되며
잎 색이 녹색을 띤다.

강 : 열매가지보다 새가가지 길어 웃자라는 기미가 보이며 웃자람 가지의 발생이 많고
단과지나 중과지가 적다.

(그림 84) 매실나무의 여름전정 실시 여부 판단 기준

(3) 주의점

나무의 세력을 정확하게 판단하여 여름전정 실시 여부를 판단하도록 하되
(그림 84) 햇빛이 잘 들어오지 않는 부위를 중점적으로 실시한다. 2차지가 발
생되면 다음 해부터는 여름전정을 가볍게 하거나 전정 시기를 늦추도록 하며
전정 상처에는 반드시 보호제를 발라주도록 한다.

08 거름주기 및 토양관리

가 거름 주는 양과 시기

(1) 매실나무의 양분 흡수 특성

매실나무는 다른 과수에 비해서 뿌리가 낮게 뻗는 천근성 과수이며 추운 겨울에도 새 뿌리가 나와 계속 거름 성분을 흡수한다. 또한 개화기와 수확기가 매우 빨라 수확 후의 생육기간이 길기 때문에 전(全) 생육기에 걸쳐 생육 단계 별로 필요로 하는 영양분을 흡수·이용할 수 있도록 여러 차례 나누어주는 것이 나무의 생육과 결실 관리상 바람직하다.

새가지는 발아와 동시에 계속 자라다가 5월 하순에 일시 자람을 멈추지만 흡수된 양분은 과실 발육이라는 생식생장에 쓰인다.

질소 흡수 비율은 질소 10에 인산 3, 칼리 11.4로 다른 과수에 비해 특히 칼리질 요구가 높다. 흡수된 3요소 중 질소를 가장 많이 함유한 부분은 잎으로 전체의 30%를 차지하며 그다음이 새가지, 과실, 뿌리 순으로 적다. 질소의 흡수 시기는 3월 중순부터 6월 중순으로 개화기부터 수확기까지 전 질소의 60%를 흡수·이용한다.

인산의 흡수량은 3요소 중 가장 적으나 함유량은 과실에 가장 많고 가지, 잎, 뿌리 순으로 적다. 흡수되는 시기는 질소처럼 새가지가 발생하는 때부터 과실 수확기까지 약 62%를 흡수한다(그림 85).

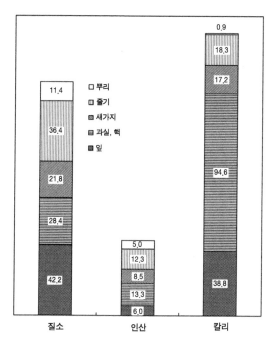

(그림 85) 매실나무의 부위별 3요소 함량(g/주)
(鈴木, 前田, 竹田)

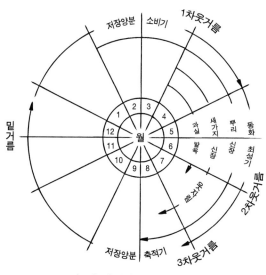

(그림 86) 매실 생육기와 거름주기

(2) 생육과정과 거름 주는 시기

거름 주는 시기는 휴면이 가장 깊은 11~12월 사이에 밑거름(基肥)을 주어 이듬해의 개화 결실과 새가지 자람을 촉진시킬 수 있도록 하고 1차 웃거름(덧거름)은 개화 직후의 과실 비대 초기인 3월 하순이나 4월 상순경에 주어 새가지 신장과 과실 비대를 촉진시켜 주어야 한다. 2차 웃거름은 수확이 완료되는 6월 하순이나 7월 상순에 주는 것이 알맞다. 3차 웃거름은 저장양분 축적기이자 꽃눈분화기인 7월 하순부터 8월 상순에 준다. 결실량이 적거나 결실되지 않는 나무는 2차 웃거름을 3차 웃거름을 주는 시기에 준다(그림 86).

우리나라에서는 1, 2차 웃거름을 주는 시기인 5월 상순과 7월 중·하순에 가뭄이 계속되는 경우가 많으므로 건조한 과수원에서는 거름을 준 후 5㎜ 정도의 관수를 해주는 것이 효과적이다.

(3) 거름 주는 양의 결정

거름 주는 양은 토양의 비옥도, 나무의 나이 및 세력, 결실량, 재배기술에 따라 조절되어야 하는데 매실나무는 열매를 맺는 나이가 빠르므로 심은 후 9년째가 되면 성과기에 이르고 30~40년이 지나면 노쇠기에 들어간다. 따라서 어린나무일 때에는 생육을 촉진시켜 수관을 확대시켜야 하므로 질소질 거름과 아울러 칼리질 거름을 증가시켜 수량을 증대시키는 거름주기가 이루어져야 한다.

표 70 매실 과원의 거름 주는 기준(德島縣)

거름 주는 시기	거름 주는 비율(%)			성분량 (kg/10a)		
	질소	인산	칼리	질소	인산	칼리
4하~5상순 (1차 웃거름)	40	40	40	8.0	4.8	6.4
7중·하순 (2차 웃거름)	30	30	30	6.0	3.6	4.8
11상~12상순 (밑거름)	30	30	30	6.0	3.6	4.8
계	100	100	100	20.0	12.0	16.0

시비설계는 거름 주는 시기, 비료 종류, 거름 주는 양 등에 따라 다른데 재식 9년 이상인 성목기의 거름 주는 양과 시기는 (표 70)과 같이 대개 2차 웃거름을 주는 것으로 끝내는 예가 많다.

나무 나이에 따른 거름 주는 기준량은 (표 71)와 같은데 나무 세력이 강하고 흡비력이 강한 '고성', '풍후', '소매', '백가하' 등에서는 질소 시용량을 다소 낮추고 세력이 비교적 중 이하인 '남고', '화향실', '양노', '옥영' 등에서는 초기 세력을 약간 높여주기 위해 3요소 중 질소량을 약간 높여주는 것이 알맞다.

표 71 매실나무의 나이별 10a당 거름 주는 기준(德鳥縣)

성분량(kg)	나무 나이				
	1~2년	3~4년	5~6년	7~8년	9년 이상
질 소	3.0	5.6	8.3	11.0	20.0
인 산	2.4	4.5	6.6	9.0	12.0
칼 리	3.0	5.5	9.9	13.5	16.0

나 **토양관리**

자두 편을 참조한다.

09 결실관리

가 수분(授粉)과 품종 간 친화성

결실을 좌우하는 요인으로는 수분(꽃가루받이)과 꽃 기관의 불완전 정도, 개화기 기상 조건 등이 있다. 매실나무는 다른 과수에 비해 꽃 기관(花器)이 불완전한 것이 많고 같은 품종끼리는 수정(受精)이 잘 이루어지지 않거나 수분이 되어도 결실률이 매우 낮은 경우가 많다. '남고', '앵숙', '양노', '태평', '백가하', '옥영'과 같은 품종들은 자기의 꽃가루로 정상적인 수정이 이루어지지 않는 자가불화합성이 강한 품종들이다. 그러나 '도적', '화향실', '등지매', '갑주최소' 등은 자가화합성(자가결실성)이 비교적 높은 품종이다(표 62 참조).

그러나 자가화합성이 높은 품종일지라도 나무의 영양 상태와 재배지의 환경 특히 기온에 따라 개화기가 다르고 결실률도 일정하지 않은 경우가 많으며 꽃가루의 양이 많아도 꽃가루 발아율이 낮아 수분수로 활용하기 어려운 품종도 있다(표 72). 또한 '남고', '양청매', '청옥' 등은 어떤 품종으로 수분되더라도 높은 결실률을 보이지만 또 다른 어떤 품종과는 수정이 되지 않는 타가불화합성을 보이기도 한다(표 73).

따라서 주품종에 대한 수분수는 꽃가루가 많은 3~4개 품종('남고', '용협소매', '앵숙')을 20~30% 섞어 심는 것이 안전하다. 만약 한 품종만 심거나 꽃가루가 많은 품종을 섞어 심지 않아 결실이 잘 되지 않는 경우에는 꽃가루가 많고 타가화합성이 있는 다른 품종을 주품종 3열에 수분수 품종 1열 정도씩을 섞어 심거나 4~5주마다 원가지 1~2개 정도를 수분수 품종으로 고접해 주는 것이 바람직하다. 임시방편으로는 개화기에 꽃가루가 많은 품종의 가지를 꺾어 물병에 꽂아 매달아 수분(受粉)되도록 할 수 있다. 그러나 수분수를 섞어 심었다 하더라도 개화기에 일기가 고르지 않아 꽃가루를 주고 받는 것이 원활하지 못할 때에는 인공수분을 실시하는데 꽃가루가 많은 품종으로부터 꽃봉오리가 피기 직전인 꽃을 채취하여 20~25℃로 유지되는 꽃가루 배양기나 따뜻한 방바닥에 흰 종이를 깔고 꽃을 12~24시간 말린 다음 꽃가루를 털어 긁어모아 사용한다.

매실나무는 다른 과수보다 특히 꽃가루 양이 적기 때문에 꽃가루 무게 10배 정도의 석송자(石松子)나 탈지분유를 섞어 면봉으로 암술머리에 발라주는 것이 효과적이다. 인공 수분기를 이용하는 경우에는 면봉을 사용하는 경우보다

표 72 ▶ 매실 주요 품종의 꽃가루 양과 발아율

품 종	꽃가루량	꽃가루 발아율 (%)	
		福井園試(1982)	群馬園試(1978)
도 적	다	57	83
남 고	다	63	69
앵 숙	다	63	83
베니사시	다	65	-
검 선	다	76	-
개량내전	다	42	-
지 장	중	51	-
임 주	중	42	-
양 노	다	-	43
화향실	다	-	53
태 평	다	-	50
갑주최소	다	-	58
용협소매	다	-	55
백 가 하	무~극소	-	-
옥 영	무~극소	-	-
고 성	무~극소	-	-

꽃가루 양이 3~4배 많이 드는데 10a당 인공수분에 필요한 꽃가루 양을 확보하기 위해서는 50,000~60,000개의 꽃이 필요하다.

표 73 매실 품종의 타가화합성(和歌山果試)

꽃가루를 주는 품종(♂)	연도	꽃가루를 받는 품종(♀)						
		남고	양청	개량내전	지장	약사	청옥	백가하
남 고	'64	0	4.5	3.4	-	41.8	-	-
	'63	0	28.0	50.0	37.5	-	0	56.3
양 청 매	'64	100	19.5	9.1	69.2	-	16.6	-
	'63	22.2	19.4	-	-	-	-	- 77.3
개량내전	'64	66.6	30.0	0	-	18.8	-	-
	'63	26.8	7.7	0	33.3	-	0	-
지 장	'64	30.7	27.3	12.1	52.5	-	-	-
	'63	86.7	23.5	-	61.1	-	-	-
약 사	'64	47.8	21.0	14.2	-	-	45.5	-
	'63	3.3	28.6	18.8	41.7	0	-	-
청 옥	'64	-	11.7	-	-	-	41.7	42.9
	'63	47.1	33.3	-	-	-	19.6	14.3
백 가 하	'64	11.1	4.5	29.6	-	-	-	2.9
	'63	41.7	-	-	-	-	-	

표 74 매실 품종의 자가불화합성 유전자형

유전자형	품종
S_1S_3	앵숙
S_1S_7	월세계
S_1S_7	남고
S_3S_3	옥매
S_3S_6	백가하, 고성, 옥영
S_5S_7	은거(隱居)
S_3S_4	개량내전
S_5S_6	매향, 가하지장(加賀地蔵)

주) 2개의 대립 유전자 중 어느 하나가 달라야 수분수 역할을 할 수 있음

나 꽃 기관의 불완전 원인과 방지 대책

매실나무는 다른 과수에 비해 불완전화(不完全花)의 발생이 많다. 불완전화에는 암술이 없는 것, 암술이 있어도 짧거나 구부러진 것, 씨방의 발달이 불량한 것 등이 있다. 이러한 불완전화의 발생 정도는 품종의 유전적 특성에 의한 경우도 있으나 재배조건, 나무의 영양 상태, 기상 조건에 따라 다르다. 특히 매실나무는 기상조건이 불안정한 봄에 일찍 개화하기 때문에 저온 또는 늦서리 피해를 받아 불완전화의 발생이 많다(표 75, 그림 87).

표 75 ▶ 매실 품종별 불완전화 발생 정도와 유형(渡邊, 1975)

구분	불완전화 발생률(%)	불완전화 발생유형 (%)			
		암술 퇴화	암술 짧고 구부러짐	씨방 발육 나쁨	암술 마름
백 가 하	24.3	9.7	6.0	18.3	65.9
옥 영	14.7	7.9	2.5	1.8	87.8
앵 숙	41.2	2.0	4.8	10.5	82.3
양 노	24.3	4.1	7.9	0.8	87.3
화 향 실	48.1	2.3	7.1	18.0	72.6
태 평	30.5	0.4	1.1	0.7	97.8
갑주최소	40.8	1.8	0.6	15.4	82
섬 희	44.9	3.9	3.5	3.6	89.1
용협소매	55.9	6.8	4.6	3.7	85.0
신농소매	40.2	5.8	1.7	1.4	91.1

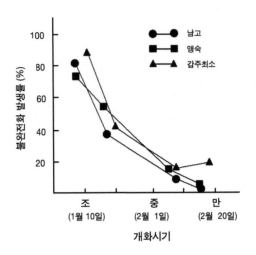

(그림 87) 개화기에 따른 불완전화 발생 추이(高知果試)

　일조(日照) 부족(표 76)과 조기낙엽(표 77)은 저장양분의 부족을 초래하여 꽃이 충실하게 발달하지 못하게 하여 조기 불시개화를 일으킨다. 특히 개화기가 빠를수록 불완전화의 발생이 많아 결실률이 떨어지고 수량성이 낮아진다. 이와 같은 불완전화 발생률은 소매류, '화향실', '앵숙' 등에서는 많고 '백가하', '양로', '옥영' 등의 품종에서는 적은 편이다.

　열매가지별로 보면 단과지는 중과지에 비하여 완전화가 많고 영양상태가 나쁘거나 개화가 빠른 가지에서 불완전화가 많다(표 78).

　따라서 매실의 착과율을 높이기 위해서는 병해충의 철저한 방제로 조기낙엽이 되지 않도록 하여야 하며 나무의 영양 상태를 균형 있게 유지시켜 주고 가급적 단과지를 많이 발생시켜주는 것이 바람직하다.

표 76 ▶ 차광 정도가 매실 수량에 미치는 영향(福井園試)

차광 처리 기간	수광량(%)	결실률(%)	1주당 수량(kg)
7월 1일~10월 30일	51.8	24.6	5.5
7월 1일~10월 30일	40.2	20.6	3.8
8월 1일~10월 30일	51.8	29.3	5.3
8월 1일~10월 30일	40.2	31.2	5.2
무 처 리	100	44.2	9.3

표 77 ▶ 낙엽시기와 불완전화의 발생률(德鳥果試)

구 분	불완전화 발생률(%)	꽃가루 발아율(%)	결실률(%)
7월 적엽	62.0	1.1	0.04
8월 적엽	69.9	30.1	0.27
9월 적엽	58.0	29.8	0.18
11월 하순 낙엽	1.0	57.8	16.62

표 78 ▶ 열매가지 종류별 불완전화 발생률(群馬園試, 1974)

품 종	열매가지 종류(cm)	개화기(월.일)	불완전화 발생률(%)
청 축	5 이하	3. 5	32.8
	5~10	3. 7	46.8
	20~30	3. 12	64.3
백 가 하	5 이하	3. 14	13.1
	5~10	3. 16	18.3
	20~30	3. 19	47.5
옥 영	5 이하	3. 12	6.0
	5~10	3. 15	16.0
	20~30	3. 18	62.0
갑주최소	5 이하	2. 28	7.0
	5~10	3. 4	10.0
	20~30	3. 8	6.0

개화기 기상조건과 결실

개화기의 늦서리와 저온 피해는 풍흉을 좌우하는 가장 큰 요인이 되고 있다. 매실의 꽃은 -8℃에서, 어린 과실은 -4℃ 정도에서 1시간 정도 있게 될 때에는 50% 정도가 피해를 받고 -10℃에서 1.5시간 있게 될 때에는 꽃 기관이 완전히 얼어 죽게 된다(표 79).

표 79 ▶ 만개기 꽃의 저온 저항성(農林省園試)

온도(℃)	처리 기간(시간)	꽃의 동사율(%)
-8 ~ -9	1.2	50
-10 ~ -11	1.5	100

개화기의 늦서리 피해는 봄이 온난한 남부지역이나 다소 추운 중남부지방이라고 해서 큰 차이가 있는 것은 아니며 월동기에 기온이 높아 이상난동(異常暖冬)이 왔을 때와 너무 일찍 개화된 후 갑자기 저온으로 내려갈 때 그 피해가 크다. 개화기에 기온이 영하로 내려가면 꽃 기관의 직접적인 동상해(凍霜害)로 피해가 커지지만 꿀벌 등 꽃가루 매개곤충의 방문 횟수도 낮아져 결실량이 더욱 적어지게 된다.

표 80 전라남도 매실 주산지의 개화기 최저온도 및 저온 피해 정도

조사지역 (표고)		품종	만개일	저온피해 정도					개화기 최저온도(1991년)				
				무	소	중	다	심	4.1	4.2	4.3	4.4	4.5
장성 (50m) 장성		백가하	4. 1	○					-3.7	-4.3	-3.1	-1.6	-2.7
		남고	3.29			○							
		화향실	3.28		○								
		청축	4. 5	○									
담양 (200m)		백가하	4. 7					○	-4.7	-4.5	-2.5	-0.7	-1.2
		남고	4. 2					○					
곡성 (200m)		백가하	4. 9			○			-2.0	-4.2	-1.5	2.0	1.0
		남고	4. 7		○								
		청축	4. 4			○							
		소매	4. 1				○						
구례	50m	백가하	3.28			○			-2.5	-4.9	-3.6	-1.0	-1.4
		남고	3.26					○					
		소매	3.28		○								
	100m	백가하	4. 3			○							
		재래종	3.16					○					
	200m	백가하	4. 5		○								
		소매	3.30					○					
화순 (200m)		남고	3.30				○		-2.2	-5.3	-3.5	-1.0	3.0
		소매	4. 7				○						
함평 (50m)		남고	4. 2		○				-2.6	-4.8	-3.2	-1.8	-1.0
		청축	4. 5		○								
		소매	3.20		○								

※ 자료 : 전라남도 농촌진흥원 시험연구보고서. 1991.

방화곤충은 바람과 온도에 상당히 민감한데, 미풍(3m/초 이하)인 때에는 무풍인 때와 거의 차이가 없으나 약풍(5m/초 내외)에서는 활동이 25% 정도로 크게 감소되며 기온이 11~20℃의 범위에서는 15℃로부터 고온이 될수록 날아드는 수가 많아지고 활동도 활발해진다(그림 88).

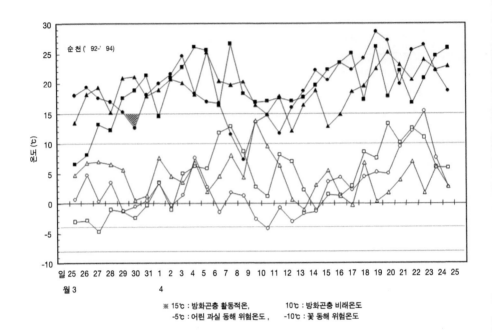

(그림 88) 매실 주산지의 개화기 전후의 기온

라 생리적 낙과와 방지 대책

(1) 낙과 현상과 원인

　매실나무에서 생리적 낙과는 2~3회에 걸쳐 크게 일어난다. 제1차 낙과는 개화 후 10일을 전후하여 일어나며 불완전화가 주로 낙과(낙화)된다.

　제2차 낙과는 개화 후 20~40일경으로 과실이 팥알 정도 크기로 자랐을 때로서 수정이 정상적으로 이루어지지 못했던 불수정과가 낙과된다. 제1차 낙과와 제2차 낙과는 서로 겹쳐서 일어나므로 이를 전기낙과(前期落果)라고 한다. 제3차 낙과는 개화 후 40~60일경에 일어나는 것으로 과다 착과에 의한 과실과 과실 간, 과실과 신초 간의 양분 경쟁, 질소 과다와 과번무에 의한 일조 부족, 병충해에 의한 조기낙엽, 토양 건조 및 과습에 의한 양분 흡수 부족 등의 원인에 의하여 일어난다.

(2) 낙과 방지 대책

낙과 발생을 줄이기 위해서는 나무의 세력에 맞도록 열매솎기를 실시하고 수확 후부터 낙엽 전까지 병충해 방제를 철저히 실시하여 건전한 잎이 오랫동안 유지되도록 하며 이와 아울러 9월 중에는 여름전정을 실시하여 나무 내부까지 햇빛이 잘 들어오도록 해줌으로써 꽃눈 발달과 저장양분 축적이 잘 되도록 한다. 또한 웃거름을 철저히 주어 남겨진 잎들의 광합성을 촉진시켜 주도록 한다.

제2차 낙과의 원인인 불수정을 해결하기 위해서는 수분수 비율을 높이고 개화기가 일치하면서 친화성이 높은 수분수 품종을 선택하며 머리뿔가위벌이나 꿀벌과 같은 방화곤충을 활용하여 꽃가루 매개가 원활히 이루어지도록 한다.

제3차 낙과를 줄이기 위해서는 적기에 열매솎기를 실시하고 2차 웃거름을 주는 시기에 질소질 비료의 거름 주는 양을 낮추며 전정을 할 때에는 가지가 복잡해지지 않도록 한다. 또한 관수 및 물 빠짐 대책을 세우고 유기물 공급 등으로 토양수분의 급격한 변동을 줄이도록 한다.

🔵 마   열매솎기(摘果)

매실 재배는 보통 과실 규격 위주라기보다는 전체 수량 위주로 이루어져 왔기 때문에 열매솎기에 대한 인식이 다른 과수보다는 낮은 듯하다. 결실이 과다하게 되면 후기낙과가 많고 과실이 작으며 과실 크기가 고르지 않아 품질이 떨어진다. 과다결실된 가지는 잎눈의 생장이 나쁘고 잎이 없는 열매가지가 되어 말라죽게 된다. 따라서 과실을 솎아 줌으로써 비대가 고르고 큰 과실을 얻게 되므로 특히 청매류(靑梅類)에 있어서는 시장성을 높일 수 있고 후기낙과를 방지할 수 있을 뿐만 아니라 과다결실에 따른 영양분 부족을 방지함으로써 수확 이후의 꽃눈분화를 충실하게 하는 효과를 기대할 수 있다(표 81, 82).

그러나 노동력을 줄이고 효율적인 결실관리를 위해서는 꽃봉오리 솎기(摘蕾)가 바람직한데 이 경우 먼저 열매가지의 등과 배 쪽에 발생된 꽃봉오리는 모두 따내고 그 다음으로 남은 꽃봉오리는 최종 결실량의 2~3배 정도만 남긴

다. 다만 늦서리 피해가 빈번한 곳에서는 보다 많은 수의 꽃봉오리를 남기거나
초기결실이 안정화된 이후에 열매솎기를 하는 것이 바람직하다.

이와 같은 열매솎기 정도는 1과당 잎 수가 많을수록 큰 과실이 생산되지만

표 81 ▶ 열매솎기가 수량 및 생리 낙과율에 미치는 영향

구 분	나무 나이	열매솎기한 경우	열매솎기하지 않은 경우
수 량 (kg/10a)	4년	774	1,414
	5년	1,880	1,676
	6년	1,830	2,290
	7년	1,960	1,782
	8년	1,516	1,272
	평균	1,592	1,687
생리 낙과율 (%)	4년	4.4	27.3
	5년	1.3	16.4
	6년	3.7	11.6
	평균	3.1	18.4
열매솎기한 양	중량(kg)	4.9	-
솎은 과실수	개 수	1,378	-
열매솎기 소요시간	시간(분)	50	-

주) 열매솎기 정도: 단과지 10㎝당 2과 남김, 수확 50일 전 실시, 열매솎기 양은 3년 평균치임

※ 자료 : 松波. 1998. 農耕と園藝 53(1):147-150.

(표 83) 전체 수량이 감소하게 되므로 잎 5~10매당 1과의 비율로 실시하거나
10㎝ 이하의 단과지에는 1~2과, 늘어진 가지에는 1과, 중~장과지에서는 5㎝마
다 1과 정도를 남기고 솎는다.

한편 일본에서는 열매솎기 작업을 생력화하기 위한 한 가지 방법으로 농
약살포용 동력분무기를 이용한 물 분사(噴射) 열매솎기 방법을 검토한 바 있
다. 이 경우에는 구멍크기가 1.9~2.0㎜인 분사용 노즐을 이용하고 물의 압력을
15kg/㎠로 물을 쏘아 줌으로써 열매솎기 작업의 생력화가 가능하고 과실 크기
를 증대시킬 수 있다고 한다(그림 89~91).

표 82 결실량이 꽃눈 발생에 미치는 영향(渡園, 1977)

과실당 잎 수 (매)	결실된 단과지		결실되지 않은 단과지	
	눈 수(개)	꽃눈 발생률(%)	눈 수(개)	꽃눈 발생률(%)
5.0	9.0	30.3	11.3	49.6
7.5	9.9	31.3	11.7	56.8
10.0	9.0	33.3	14.1	54.1
12.5	9.1	50.8	13.4	76.0
15.0	11.7	66.7	15.2	75.0
17.5	12.1	67.8	14.2	79.2
20.0	11.7	70.5	13.7	76.6

표 83 과실당 잎 수와 과실의 등급별 비율(君馬園試)

1과당 잎 수(매)	과실의 등급별 비율(%)					M 이상의 비율	수량비
	규격 외	S	M	L	2L		
4	10.6	37.4	22.1	0	0	22.1	100
8	3.7	27.1	56.7	12.5	0	69.2	67.8
12	0.5	17.6	46.2	35.7	0	81.9	51.9
16	0.4	3.6	43.4	46.9	5.7	90.3	41.3
20	0.8	0	33.2	66.0	0	99.2	33.3

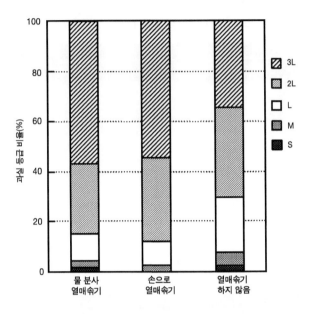

(그림 89) 매실 '남고' 품종에 대한 열매솎기 방법별 과실 등급비율

(小池. 2000. 과실일본 55(1):70-71)

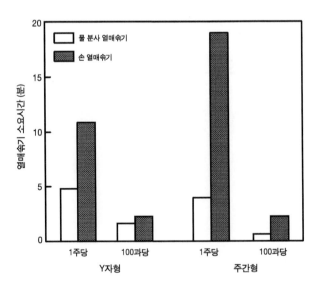

(그림 90) 물 분사에 의한 매실의 열매솎기 능률

(小池. 2000. 과실일본 55(1):70-71)

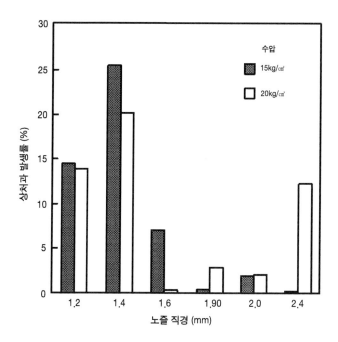

(그림 91) 물 분사 시 노즐 직경, 수압과 상해과 발생률
(小池. 2000. 과실일본 55(1):70-71)

10 생리장해(生理障害)

가 수지장해과(樹脂障害果)

(1) 증상

과실이 비대하여 수확기에 가까워지면 과피의 일부가 부풀어 암녹색이 되고 물을 머금은 것처럼 되어 터져서 과즙이 솟아올라 응어리가 생기며 그 안쪽의 과육에 빈 구멍이 생긴다.

수지(과실의 진)가 발생하는 것은 6월 상중순 수확기와 가까운 시기로 햇빛을 직접 받는 과실과 큰 과실에서 많이 발생되고 과실 내에서는 과정부와 적도 부분에 많이 발생된다. 또 나무의 나이가 3~5년으로 어리고 영양생장이 왕성한 나무에서 발생이 심하다(그림 92).

품종별로는 '앵숙', '청축', '월세계', '고성' 등에서 심하다(표 84). 과원 위치별로는 일사량이 많은 동남향 과원에서 발생이 많으며 질소를 지나치게 많이 주는 과원이나 결실량이 많은 과원에서도 많이 발생한다. 또한 성숙기에 강우량이 많으면(300㎜ 내외) 발생이 많아진다. 이와 같이 수지장해과의 직접적인 요인은 토양 중의 붕소 부족인데 질소나 석회를 지나치게 많이 주어 토양 중의 붕소가 부족해지거나 흡수가 어려운 불가급태일 때 심하게 발생된다.

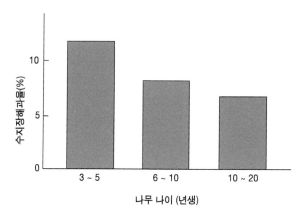

(그림 92) 나무 나이에 따른 수지 장해과 발생률

(2) 방지대책

방지대책으로는 밑거름을 줄 때 나무당 붕사 20~50g를 뿌려 주거나 5월 하순경에 1~2회 0.2~0.3%의 붕산용액(생석회 반량 가용)을 엽면살포한다. 또한 토양 개량 및 질소의 균형 사용과 과다결실 등을 삼가 나무를 건강하게 관리해 주어야 한다.

표 84 품종별 수지장해과 발생률(德鳥果試)

품 종	발생률(%)	품 종	발생률(%)
용협소매	3.3	양 노	4.8
갑주최소	0	고 성	13.6
신농소매	0	옥 영	3.3
등 오 랑	0.3	월 세 계	15.1
남 고	0.6	청 축	32.1
임 주	1.3	앵 숙	67.0
백 가 하	1.1		

표 85 과실 크기와 수지장해과 발생률(德鳥果試)

과실크기	수지장해과 발생률(%)		
	A 원	B 원	C 원
대 과	25.8	13.2	31.9
중 대	8.7	10.6	17.3
중소과	1.4	3.7	8.5

나 일소장해(日燒障害)

(1) 증상

일소(햇볕 뎀)현상은 과실뿐만 아니라 원줄기, 원가지, 덧원가지 등 직사광선을 많이 받는 부분에서 발생하는데 과실이 강한 직사광선을 받으면 과피가 갈변(褐變)되고 오목하게 들어가 굳어지며 종자의 일부가 갈색으로 변한다. 일소현상이 큰 가지에서 발생되면 껍질이 붉게 물들고 표피와 목질부가 밀착되어 탄력이 없어지며 심하면 말라죽는다. 이러한 일소장해는 세력이 약한 나무에서 결실량이 많으면 발생하기 쉬우며 차진 땅보다 모래땅에서 많이 발생한다.

(2) 방지대책

일소장해의 방지대책은 토양을 깊이갈이하여 보수력을 높여주고 결실량을 조절하여 나무의 세력 관리를 철저히 하며 큰 가지의 몸체가 직접 햇빛을 받지 않도록 잔가지를 배치한다. 고온 건조기에는 관수를 하여 나무의 온도가 지나치게 높지 않도록 해준다. 피해를 많이 받는 큰 가지와 원줄기 등의 햇빛을 직접 받는 부분에는 백도제(수성페인트)를 발라줌으로써 나무껍질의 온도가 높아지지 않도록 한다.

11 병해충 방제

Plum

표 86 ▶ 주요 병해충의 발생 부위

병해충명	병해충 발생 부위			
	잎	줄기, 가지	과실	뿌리
검은별무늬병(흑성병)	○	○	◎	×
세균성구멍병(괴양병)	◎	○	○	×
잿빛무늬병(회성병, 균핵병)	△	△	◎	×
고약병	×	◎	×	×
줄기마름병(동고병)	×	◎	×	×
날개무늬병(문우병)	×	×	×	◎
복숭아유리나방	×	◎	×	×
깍지벌레(개각충)	×	◎	×	×
진딧물류	◎	×	×	×

주) ◎: 피해 심, ○: 피해 중, △: 피해 소, ×: 피해 없음

(1) 검은별무늬병(黑星病, Scab)

Cladosporium carpophilum Thumen

우리나라 각지에 분포하여 수량에 큰 피해를 주는 일은 없으나 품질을 나쁘게 한다. 대체로 5월 중순부터 6월 중순경까지 발생하므로 이 기간에 비가 많으면 더욱 발병이 심하다.

○ 기주식물: 매실, 복숭아, 살구, 사과

○ 병징

과실을 비롯하여 나뭇가지, 잎 등에 발생한다. 과실의 표면에는 처음에 약 3mm 크기의 흑색 원형의 반점이 생기고 그 주위에는 언제나 진한 녹색이 나타난다. 과실에서의 증상이 세균성구멍병과 흡사하여 혼동하기 쉬우나 검은별무늬병은 과실 표피에만 나타나고 병반이 갈라지지 않아서 세균성구멍병과 증상이 다르다.

가지에서는 6~7월경 적갈색의 작은 반점이 생기고 점차 커지면서 붉은 갈색으로 변하며 가을 낙엽이 될 때에 병반은 다소 부풀면서 흑갈색으로 되고 2~3cm 크기의 원형 또는 타원형으로 된다.

잎에서는 처음에 흑갈색의 작은 점이 생기고 후에 갈색의 둥근 점으로 되어 말라서 둥근 구멍이 뚫려 세균성구멍병 모양을 나타낸다.

○ 병원균

이 병원균은 불완전병균 암색선균(暗色線菌)으로 분생포자를 형성하며 병원균의 발육 온도는 2~33℃이고 발육 최적온도는 20~27℃이다. 피해 가지의 껍질 병반은 조직 안에서 균사의 형태로 겨울을 난 후 4~5월경부터 포자를 형성하여 비, 바람에 운반되어 전염시키는데 약 35일의 잠복기간이 지난 후인 5월 하순경이면 발병한다.

○ 전염경로

| 균사 겨울나기 : 분생포자 | → | 포자 형성 | → | 전　염 | → | 침입, 감염 |
| 가 지 | | 5 ~ 6 월 | | 빗 물 | | 과 실 |

표 87 매실 검은별무늬병 약제 살포시기 및 방제효과 (농업과학기술원, 전남도원, 1995)

살포 횟수	살포시기					이병과율 (%)	방제가 (%)
	2중 (휴면기)	4 상	4 중	4 하	5 상		
3	△	○	○			2.6	88.1
3		○	○	○		3.0	86.2
3			○	○	○	3.0	86.2
무 처 리						21.8	0

시험약제 : △ 석회유황합제 1,000배액, ○ 디치수화제 1,000배액

○ 방제법

발아 전에 석회유황합제 5도액을 2회 살포하고 생육기에는 등록된 농약
을 안전사용기준에 맞춰어 살포한다.

(2) 세균성구멍병(潰瘍病, Bacterial shot hole)

Xanthomonas campestris pv. *pruni* (E.E. Smith) Dye

우리나라 각지에 널리 분포하여 적지 않은 피해를 주는 병이다. 잎에서의
최초 발생은 6월 하순경부터이나 발생 최성기는 7~8월 장마철이다. 5월 중하
순경부터 과실과 신초, 가지 등에 침입 발병한다.

○ 기주식물: 매실, 복숭아, 살구, 자두, 양앵두나무

○ 병징

잎에서는 발생 초기에 담황색 및 갈색의 다각형 반점이 나타나고 후에 갈색에서 회갈색으로 변하면서 병반에 구멍이 생긴다. 구멍은 적고 연속해서 많이 나타나며 구멍이 둥글기보다는 다각형으로 되는 점이 다른 병과 구별되는 증상이다. 가지에서는 가지의 잎눈 자리를 중심으로 둥글고 보랏빛의 병반이 나타나며 점차 갈색이 되고 오목하게 들어간다. 과실의 표피에서는 갈색의 작은 점이 나타나고 그 후 흑갈색으로 확대되면서 부정형의 오목한 병반이 생긴다.

○ 병원균

이 병원균은 짧은 막대 모양의 세균으로 발육 최저온도는 10℃이고 최적온도는 25~30℃이며 최고온도는 35℃이고 사멸온도는 51℃에서 10분간이다. 병균은 가지의 병반 조직 속에서 잠복하여 겨울을 보내고 다음 해에 계속 발생한다.

○ 전염경로

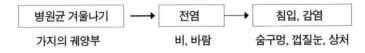

○ 방제법

봄철 싹이 트기 전에 석회유황합제 5도액을 뿌리고 전정할 때에는 피해 받은 가지를 제거한다. 과실에 대한 방제는 개화 전부터 6월 말까지 아연석회나 등록된 농약을 안전사용기준에 맞춰어 살포한다. 아연석회의 경우 4~5월 상순에는 4-4식을 주 1회 정도 살포하고 5월 이후에는 6-6식을 10일 간격으로 살포해 준다. 또 비, 바람이 심한 곳은 방풍림이나 방풍망을 설치하는 것이 바람직하며 물 빠짐이 잘 되게 하고 질소질 비료를 과다하게 사용하지 말아야 한다.

(3) 줄기마름병(胴枯病, Die-back canker)

Valsa ambiens (Persoon et Fries) Fries

전국적으로 분포되어 있으며 세력이 약한 나무, 나이가 많은 나무를 강전정한 경우 또는 병해충 및 바람, 추위 등으로 피해를 받아 나무 세력이 약해진 경우에 발병이 심하다.

○ 기주식물: 매실, 복숭아, 살구, 자두, 양앵두나무

○ 병징

땅 표면 가까운 줄기 부위의 표피에 피해를 준다. 상처를 통해 침입하는 병균으로 처음에는 껍질이 약간 부풀어 오르나 여름부터 가을에 걸쳐 마르게 되고 피해를 받은 나무는 겨울을 난 후 심하면 말라죽는다. 늙은 나무에서는 피해 부위에서 2차적으로 버섯 같은 것이 생기기도 한다. 병반은 봄과 가을에 확대되고 여름에는 일시 정지한다.

○ 병원균

이 병원균은 자낭균병 구과균(球果菌)으로 상처를 통해 침입하며 피해 부위 조직 속에서 겨울을 난 후 다음 해에 발생을 계속한다. 발육온도는 5~37℃이고 최적온도는 28~32℃이며 포자의 발아적온은 18~32℃이다.

○ 전염경로

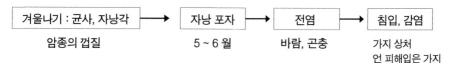

겨울나기 : 균사, 자낭각	→	자낭 포자	→	전염	→	침입, 감염
암종의 껍질		5 ~ 6 월		바람, 곤충		가지 상처 언 피해입은 가지

○ 방제법

비배관리를 잘하여 나무를 튼튼하게 키우며 충분한 유기물을 공급한다(10a당 2,000~3,000kg). 강전정을 피하고 여름철 강한 직사광선이 굵은 가

지에 직접 닿으면 일소현상이 일어나 피해가 많아지므로 그늘이 약간 지도록 새가지를 배치하는 등 일소방지 대책을 강구하여야 한다.

(4) 잿빛무늬병(灰星病, Brown rot)

자두 편을 참조한다.

(5) 날개무늬병(紋羽病, White root rot, Violet root rot)

Helicobacilium mompa Tanaka - 자주빛날개무늬병(紫紋羽病)
Rosellinia necatrix (Hartig) Berlese - 흰날개무늬병(白紋羽病)

○ 기주식물: 사과, 배, 복숭아, 매실 등 전 과종

○ 병징
　나무의 세력이 약화되고 잎이 적어지며 황색을 띤다. 계속되면 낮에는 시들었다가 밤에는 다시 싱싱해지는 것이 반복되다가 심하면 조기낙엽되고 말라죽는다.

○ 병원균
　이 병원균은 담포자를 형성하고 병반은 뿌리 표면에 자주빛날개무늬병의 경우는 자홍색, 흰날개무늬병인 경우는 백색의 실 같은 균핵을 형성한다.

○ 전염경로

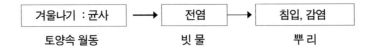

○ 방제법
　과수원을 새로이 조성할 때에는 식물체의 뿌리나 잔재를 제거한 다음 토양소독을 실시하며 묘목에 병원균이 묻어서 옮겨지는 경우가 많으므로 묘목

을 심기 전에 반드시 침지 소독을 실시한 후 재식한다. 적절한 나무 세력 관리를 위하여 유기물 사용량을 늘리고 배수 및 관수관리를 철저히 하여 급격한 건습을 피해야 하며 강전정, 과다결실, 과도한 건조를 피하고 부숙퇴비를 시용하는 것이 중요하다. 전정가지를 잘게 부서 유기물로 시용하는 것은 토양 병원균의 생존을 도와 오히려 토양병해 발생을 조장할 수 있으므로 흰날개무늬병 발생이 있는 밭에서는 이를 지양하는 것이 좋다.

(6) 고약병(膏藥病, brown and gray lepra)

Septobasidium bogoriense Paktouillard - 잿빛고약병
S. tanarae (Miyabe) Boedjin et Steimann - 갈색고약병

이 병은 각지에 널리 분포하나 큰 피해는 없으며 매실나무 생육기간 중 언제든지 발생하는데 병원균은 깍지벌레(介殼虫)의 배설물을 영양원으로 하여 증식한다. 병원균과 병징의 차이에 따라서 잿빛고약병과 갈색고약병으로 나뉜다.

○ 기주식물: 매실, 벗나무, 복숭아, 자두, 배 등

○ 병징
주로 묵은 가지나 나무줄기에 발생한다. 잿빛고약병이나 갈색고약병에 걸린 나뭇가지나 나무줄기의 표면에는 원형 또는 불규칙형의 두꺼운 막층(膜層)이 생기며 고약을 바른 것과 같이 보인다. 잿빛고약병은 처음에는 다색(茶色)이지만 나중에는 쥐색, 자색, 담갈색, 흑색의 띠를 두른 것과 같이 변하고 오래되면 균열이 생긴다. 그러나 갈색고약병반은 보통 갈색이며 가장자리에 좁은 회백색의 띠(帶)가 있고 균사막의 표면은 비로드(벨벳) 모양이다.

○ 병원균
이들 병원균은 다 같이 담포자를 형성한다. 잿빛고약병균은 처음에는 무색이고 구형인 구상체(球狀體)를 형성하며 그 후 여기에서 담자낭이 형

성된다. 담자낭은 무색 원통형으로서 약간 만곡(활 모양으로 굽음)하고 크기는 24~48×6~8.5㎛이며 4개의 포(胞)로 되어 있는데 각 포(胞)에서는 소병(小柄)이 생기며 여기에 담포자가 착생한다. 갈색고약병균은 구상체를 형성하지 않고 직접 담자낭을 형성한다. 담자낭은 무색 방추형이고 3~5포이며 크기는 49~65×9㎛인데 각 포에서 소병(小柄)이 생기고 여기에 담포자가 착생한다. 이 담포자는 무색 단포(單胞)이고 낫 모양이며 이것이 발아하여 직접 균사를 형성한다.

| 겨울나기 : 균사 | → | 담 포 자 | → | 전   염 | → | 침입, 감염 |
| 병든 나무줄기 | | 6 ~ 7 월 | | 묵은 가지 | | |

○ 방제법

겨울철에 석회유황합제 5도액을 살포하고 깍지벌레의 방제를 위해 월동기에는 기계유유제 20배액을, 생육기에는 등록된 농약을 안전사용기준에 맞추어 처리한다. 병환부 막층(膜層)을 긁어 없애고 그 자리에 1도 내외의 석회유황합제 또는 20배의 석회유(石灰乳)를 바른다.

나 충해

(1) 복숭아유리나방(小透羽虫, Cherry tree borer)

자두 편을 참조한다.

(2) 복숭아흑진딧물(桃赤蛾虫, Green peach aphid)

자두 편을 참조한다.

(3) 산호제깍지벌레(梨丹介投虫, San Jose scale)

Comstockaspis perniciosa Comstock

○ 기주식물: 매실, 복숭아, 살구, 사과, 배, 감귤, 기타 과수 및 관상식물류

○ 가해 상태

　주로 가지에 기생하며 점차 심하면 깍지벌레로 뒤덮어 쇠약하게 되고 결국 말라 죽게 된다. 여름철에는 잎, 과실에도 기생하는데 가해 부분에 붉은색의 둥근 반점이 생기고 과실에 기생하면 과피가 울퉁불퉁한 기형과가 된다.

○ 형태

　암컷은 원형이고 중앙부가 융기된다. 제3회 탈피각이 맨 나중의 깍지이며 회색을 띠고 지름은 3㎜ 가량이다. 깍지 밑에 타원형이고 담황색인 벌레가 있다. 살아있을 때 눌러보면 황색의 즙액이 나오는데 몸이 작으며 한 쌍의 날개가 있고 붉은색을 띤다. 수컷은 작지만 길이는 암컷의 2배이며 부화된 약충은 몸길이가 0.5㎜이고 타원형이며 담홍색을 띤다.

○ 생활사

　1년에 2~3회 발생하며 대개 약충으로 기주식물에서 월동하나 때때로 성충으로 월동하는 것도 있다. 약충으로 월동하는 것은 5월 하순부터 6월 상순에 성충이 되어 교미 후 알을 낳는다.

○ 방제법

　전정 직후인 봄철 일찍 기계유유제 20~25배액을 살포하고 발아 후에는 석회유황합제 0.3도액을 살포한다. 생육기에는 등록된 농약을 안전사용기준에 맞춰어 처리한다.

(4) 가루깍지벌레(桑粉介投虫, Ulberry mealy bug)

Pseudococcus comstocri Kuwana

○ 기주식물: 매실, 복숭아, 살구, 사과, 배, 감, 감귤 등 15종

○ 가해 상태
기주식물에서 즙액을 빨아먹는데 심하면 과실이 기형으로 되며 그을음병을 유발한다.

○ 형태
어른벌레는 몸길이가 3~4.5㎜이고 타원형이며 황갈색이다. 흰가루로 덮여 있으며 몸 둘레에는 하얀 가루의 돌기가 17쌍이 있고 배 끝의 1쌍이 특히 길어서 다른 것과 구별된다. 수컷은 1쌍의 투명한 날개가 있고 날개를 편 길이는 2~3㎜이다. 알은 황색이고 넓은 타원형이며 길이는 0.4㎜이다.

○ 생활사
1년에 3회 발생하며 나무껍질 밑, 뿌리 근처, 가지 사이에서 대부분의 경우 알로 월동한다. 암컷은 약충 또는 성충으로도 활동한다. 제1회 발생은 6월에, 2회 발생은 8월 상순에, 3회 발생은 9월 상순부터 10월 상순이다.

○ 방제법: 산호제깍지벌레에 준하여 방제한다.

12 수확 및 가공

매실은 생식을 하지 않고 청과(靑果, 완숙 직전의 덜 익은 과실)를 가공하여 이용하므로 용도에 따라 수확기에 차이가 많다. 그러나 성숙 정도에 따라 수량 차이가 많으므로 가격과 수확량을 고려하여 가장 수익이 높을 때 수확하여야 하지만 매실의 유효 성분인 구연산(citric acid)의 함량이 일정 수준에 도달하는 시기 이후에 수확하도록 하는 것이 중요하다.

매실에는 구연산, 사과산, 수산 등의 유기산이 포함되어 있는데 수산은 함량이 적고 과실 발육기간 동안에 큰 변화가 없다. 그러나 사과산은 과실이 성숙함에 따라 감소하고 구연산은 증가한다(그림 93).

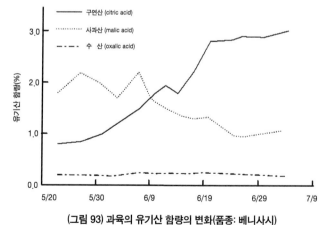

(그림 93) 과육의 유기산 함량의 변화(품종: 베니사시)
(中川. 2000. 과실일본 55(6):103-104)

가 수확

매실은 청과를 이용하므로 완숙 전에 수확함을 원칙으로 한다. 수확기는 일반적으로 용도에 따라 약간의 차이는 있으나 만개기(滿開期)로부터 80~90일 사이에 수확한다. 과실이 풍만하게 비대하여 둥글게 되고 과피 면의 털이 없어지며 색깔이 약간 흰색을 띠는 푸른 시기로서 수확과의 50%가 열매자루가 붙은 상태로 수확이 되는 6월 중하순경(남부지방 기준)이다.

ㅁ

표 88 ▶ 수확시기별 과실 크기 및 품질 비교(원예시험장, 1990)

품종	수확기	과중 (g)	과육률 (%)	당도 (°Bx)	팩틴함량 (mg/100g)	100g당 과즙량(ml)
남고	개화 후 50일 (5. 14)	6.8	62.6	4.4	318	57.0*
	개화 후 60일 (5. 24)	10.1	75.4	5.5	413	34.0
	개화 후 70일 (6. 3)	11.8	79.8	6.1	442	37.0
	개화 후 80일 (6. 13)	16.7	83.5	7.1	455	43.0
	개화 후 90일 (6. 23)	23.2	88.7	6.7	457	52.0

주) 100당 과즙량은 씨를 포함한 과즙량임

매실 진액(엑기스)용은 유기산 함량이 가장 많은 시기이자 핵이 막 굳어진 직후인 6월 상중순경에 수확한 푸른 과실을 이용한다. 그러나 매실주로 이용하고자 하는 과실의 수확기는 유기산과 당 함량이 많아야 하므로 진액용보다 약간 늦은 때인 6월 중순경에 수확한다.

매실 소금절임용(梅肝, 우메보시) 과실은 과육과 핵(씨)이 분리되어야 하고 절임한 과실의 주름이 적어야 품질이 좋으므로 과육이 충분히 살찌고 핵의 색이 완전히 갈색으로 변하는(내과피 황화 완료기) 완숙 직전인 6월 하순에 수확한다. 너무 늦게 수확하면 수량이 많고 당도는 높으나 쉽게 황화되므로 늦어지는 일이 없도록 한다. 또 좋은 품질의 장아찌를 만들기 위해서는 과실 내 구연산 함량이 3% 이상이어야 하는데 수확 후 후숙(後熟)기간 동안 그 함량이 1% 정도가 높아지므로 적어도 구연산 함량이 2% 정도일 때 수확하여야 한다(그림 94).

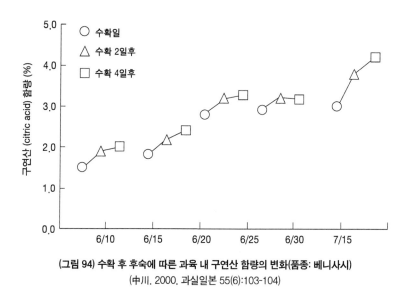

(그림 94) 수확 후 후숙에 따른 과육 내 구연산 함량의 변화(품종: 베니사시)

(中川. 2000. 과실일본 55(6):103-104)

매실 수확기에 기온이 높아지면 낙과가 심하고 수확 후 쉽게 황색으로 변하여 품질이 떨어지므로 기온이 낮은 오전 중에 수확하여 출하하거나 저온저장고에 보관하였다가 출하한다.

나 **출하규격**

국립농산물품질관리원에서 고시한 표준규격은 다음과 같다.

표 89 ▶ 표준거래 단위

구분	표준거래 단위
5kg 미만	별도로 규정하지 않음
5kg 이상	5kg, 10kg, 15kg

※ 자료 : 국립농산물품질관리원 고시(제2011-45호, 2011. 12. 21.)

표 90 ▶ 등급규격

항목	특	상	보 통
고르기	크기 구분표에서 무게가 다른 것이 5% 이하인 것	크기 구분표에서 무게가 다른 것이 10% 이하인것	특·상에 미달하는 것
무 게	크기 구분표에서 'L' 이상 인 것	크기 구분표에서 'M' 이상 인 것	적용하지 않음
숙 도	과육의 숙도가 적당하고 손으로 만져 단단한 것	과육의 숙도가 적당하고 손으로 만져 단단한 것	특·상에 미달하는 것
중결점과	없는 것	없는 것	5% 이하인 것 (부패·변질과는 포함할 수 없음)
가벼운 결점과	3% 이하인 것	5% 이하인 것	20% 이하인 것

1 중결점과란 품종이 다른 것, 과육이 부패·변질된 것, 경도·색택으로 보아 성숙이 지나친 것, 병충해 피해가 두드러진 것을 말함

2 가벼운 결점이란 품종 고유의 모양이 아닌 것, 경미한 녹·일소·약해·생리장해 등으로 외관이 떨어지는 것, 미숙과, 병해충 피해가 과피에 그친 것을 말함

표 91 ▶ 크기 구분

구 분 \ 호 칭	2L	L	M	S	2S
1개의 무게(g)	25 이상	20 이상 25 미만	15 이상 20 미만	10 이상 15 미만	10 미만

다 가공

매실 완숙과는 유기산을 4~6% 정도 함유하고 있어 신맛이 매우 강한데 성숙된 과실 내 유기산의 대부분은 구연산이다. 이 구연산은 식욕 증진, 피로 회복, 장을 깨끗하게 하는 작용(整腸) 등의 기능을 담당할 뿐만 아니라 칼슘의 흡수 촉진, 항균작용, 항산화 활성 등의 기능을 가지고 있어 건강식품으로서 인기가 높아지고 있다.

(1) 소금절임(매실 장아찌, 우메보시)

매실은 그 크기가 크고 작은 것 등 여러 가지가 있으나 소금절임용은 모양이 고르고 열매 껍질 색(果皮色)이 고우며 육질이 많은 '남고', '양노', '화향실', 소매류가 적합하다.

만드는 방법으로는 우선 수확한 과실을 맑은 물에 1~2일간 담가 과육과 씨가 잘 떨어지게 한다. 물에 담갔던 과실을 꺼내어 물기를 뺀 다음 통 속에 소금과 과실을 층층으로 쌓고 돌을 얹어 20~30일간 눌러 밑절임을 한 후 건져 햇볕에 2~3일간 말려 소금발이 나오도록 한다. 맑은 날 밤이슬을 맞게 하면 더욱 좋은 품질의 제품을 얻을 수 있다.

햇볕에 말리는 작업이 끝나면 소금에 절인 차조기(자소, 紫蘇) 잎과 통 속에 층층으로 다시 쌓고 가벼운 돌을 얹어 서늘한 그늘에 저장한다. 절임 제품의 무름을 방지하기 위하여 차조기 잎과 함께 햇볕에 2~3일 말린다. 소금절임의 원료와 비율은 (표 92)와 같다.

표 92 소금절임 원료의 비율

재료	소요량
매실	15kg(10ℓ)
차조기(자소) 잎	1.0~1.5kg
소금	3.75kg(3.6ℓ)

(2) 진액(엑기스)

매실 과즙을 추출하여 진액을 만들어 상품화하고 있는 기업이 있으나 가정에서는 시중의 참기름이나 들기름을 짜는 기계를 이용하여 즙을 낸 다음 약한 불에서 서서히 달여 생과즙의 1/40 정도가 될 때 병에 담아 두고 상비약으로 사용한다.

만드는 방법으로는 청과(靑果)의 매실을 수확하여 물로 씻은 후 착즙기에 넣고 짠다. 짜낸 과즙을 농축시키기 위하여 가압(加壓) 또는 보통 솥에 넣고 40~50℃의 저온으로 가열하여 서서히 농축시키면 검은색의 농축액이 된다. 이 농축된 과즙을 유리병 등에 담아 두고 이용하는데 보관 중에 곰팡이 등의 발생이 있으므로 장기간 보관하고자 할 때는 병에 넣은 후 순간살균(110~120℃)을 시켜 보관하든지 소금을 첨가(과즙량의 0.5~0.7%)하거나 정제(錠劑)를 만들어 용기에 넣어 보관한다.

(3) 매실주

매실주는 소주에 과실을 담가 일정 기간이 지난 후 과실을 건져 내고 숙성시켜야 좋은 품질의 매실주가 된다. 매실주용 과실은 엑기스용의 청매(靑梅)보다 늦은 시기에 수확한 과실을 이용한다. 너무 일찍 수확한 푸른 과실로 만든 매실주는 색깔이 나쁘고 쓴맛과 떫은맛이 있으며 완숙된 과실로 만든 것은 발효가 빠르고 색깔이 고우며 쓴맛(苦味)도 적어 좋지만 혼탁하기 쉽고 신맛(酸味)이 적어 매실주 본래의 가치는 적다.

만드는 방법은 수확한 과실을 깨끗이 씻은 뒤 독에 넣고 소주를 부어 밀봉후 40~50일 지난 다음 과실을 꺼내 숙성시킨다. 술은 숙성기간이 길수록 품질이 좋은 것으로 알려져 있다. 설탕을 첨가했을 때는 쓴맛이 제거되나 알코올 양에 비해 매실 양이 많거나 너무 일찍 수확한 과실을 원료로 했을 경우 쓴맛이 많다.

(4) 매실 설탕절임

매실 설탕절임은 과실을 설탕과 혼합하여 3~6개월 저장하면 과즙이 용출되어 맑은 노란 과즙을 얻을 수 있다. 이 과즙에 5배 정도의 물을 가하여 음료수로 마신다. 설탕절임은 가정에서 손쉽게 만들 수 있고 비교적 품질이 나쁜 불량 과실도 이용할 수 있기 때문에 다른 가공품보다 재료비가 저렴하다.

만드는 방법은 수확한 과실을 물로 깨끗이 씻은 후 큰 병에 과실 1에 설탕 1의 무게 비율로 층층이 쌓은 다음 밀봉하여 두면 노란 과즙이 서서히 빠져나온다. 이용하는 과실은 품종이나 품질에 구애받지 않고 이용할 수 있으나 과실의 성숙도는 대개 개화 후 80~90일경(6월 하순)의 것으로 과실에 노란빛이 나기 직전의 것이어야 한다. 너무 일찍 수확한 과실은 구연산 함량이 적정 수준 이하여서 좋지 않다. 과실은 씨가 작고 과육이 많은 비교적 큰 과실을 이용하면 수율이 좋다.

먹는 방법은 추출된 과즙에 물을 5배 정도 가하여 얼음을 띄워 음료수로 마시면 새콤한 향기가 있어 여름철 청량음료로 일품이다.

ㄱ

가건(架乾)	걸어 말림
가경지(可耕地)	농사지을 수 있는 땅
가리(加里)	칼리
가사(假死)	기절
가식(假植)	임시 심기
가열육(加熱肉)	익힘 고기
가온(加溫)	온도높임
가용성(可溶性)	녹는, 가용성
가자(茄子)	가지
가잠(家蠶)	집누에, 누에
가적(假積)	임시 쌓기
가토(家兎)	집토끼, 토끼
가피(痂皮)	딱지
가해(加害)	해를 입힘
각(脚)	다리
각대(脚帶)	다리띠, 각대
각반병(角斑病)	모무늬병, 각반병
각피(殼皮)	겉껍질
간(干)	절임
간극(間隙)	틈새
간단관수(間斷灌水)	물걸러대기
간벌(間伐)	솎아내어 베기
간색(桿色)	줄기색
간석지(干潟地)	개펄, 개땅
간식(間植)	사이심기
간이잠실(簡易蠶室)	간이누엣간
간인기(間引機)	솎음기계
간작(間作)	사이짓기
간장(稈長)	키, 줄기길이
간채류(幹菜類)	줄기채소
간척지(干拓地)	개막은 땅, 간척지
갈강병(褐疆病)	갈색굳음병
갈근(葛根)	칡뿌리
갈문병(褐紋病)	갈색무늬병
갈반병(褐斑病)	갈색점무늬병, 갈반병
갈색엽고병 (褐色葉枯病)	갈색잎마름병
감과앵도(甘果櫻挑)	단앵두
감람(甘籃)	양배추
감미(甘味)	단맛
감별추(鑑別雛)	암수가린병아리, 가린병
감시(甘)	아리
감옥촉서(甘玉蜀黍)	단감

감자(甘蔗)	단옥수수
감저(甘藷)	사탕수수
감주(甘酒)	고구마
갑충(甲蟲)	단술, 감주
강두(豆)	딱정벌레
강력분(强力粉)	동부
강류(糠類)	차진 밀가루, 강력분
	등겨
강전정(强剪定)	된다듬질, 강전정
강제환우(制換羽)	강제 털갈이
강제휴면(制休眠)	움 재우기
개구기(開口器)	입벌리개
개구호흡(開口呼吸)	입 벌려 숨쉬기, 벌려 숨쉬기
개답(開畓)	논풀기, 논일구기
개식(改植)	다시 심기
개심형(開心形)	깔때기 모양, 속이 훤하게 드러남
개열서(開裂)	터진 감자
개엽기(開葉期)	잎필 때
개협(開莢)	꼬투리 튐
개화기(開花期)	꽃필 때
개화호르몬 (開和hormome)	꽃피우기호르몬
객담(喀啖)	가래
객토(客土)	새흙넣기
객혈(喀血)	피를 토함
갱신전정(更新剪定)	노쇠한 나무를 젊은 상태로 재생장시키기 위한 전정
갱신지(更新枝)	바꾼 가지
거세창(去勢創)	불친 상처
거접(据接)	제자리접
건(腱)	힘줄
건가(乾架)	말림틀
건견(乾繭)	말린 고치, 고치말리기
건경(乾莖)	마른 줄기
건국(乾麴)	마른누룩
건답(乾畓)	마른 논
건마(乾麻)	마른삼
건못자리	마른 못자리
건물중(乾物重)	마른 무게
건사(乾飼)	마른 먹이
건시(乾)	곶감
건율(乾栗)	말린 밤
건조과일(乾燥과일)	말린 과실

건조기(乾燥機)	말림틀, 건조기	경수(硬水)	센물
건조무(乾燥무)	무말랭이	경수(莖數)	줄깃수
건조비율(乾燥比率)	마름률, 말림률	경식토(硬埴土)	점토함량이 60% 이하인 흙
건조화(乾燥花)	말린 꽃	경실종자(硬實種子)	굳은 씨앗
건채(乾采)	말린 나물	경심(耕深)	깊이 갈이
건초(乾草)	말린 풀	경엽(硬葉)	굳은 잎
건초조제(乾草調製)	꼴(풀) 말리기, 마른 풀 만들기	경엽(莖葉)	줄기와 잎
		경우(頸羽)	목털
건토효과(乾土效果)	마른 흙 효과, 흙말림 효과	경운(耕耘)	흙 갈이
검란기(檢卵機)	알 검사기	경운심도(耕耘深度)	흙 갈이 깊이
격년(隔年)	해거리	경운조(耕耘爪)	갈이날
격년결과(隔年結果)	해거리 열림	경육(頸肉)	목살
격리재배(隔離栽培)	따로 가꾸기	경작(硬作)	짓기
격사(隔沙)	자리떼기	경작지(硬作地)	농사땅, 농경지
격왕판(隔王板)	왕벌막이	경장(莖長)	줄기길이
격휴교호벌채법	이랑 건너 번갈아 베기	경정(莖頂)	줄기끝
(隔畦交互採法)		경증(輕症)	가벼운증세, 경증
견(繭)	고치	경태(莖太)	줄기굵기
견사(繭絲)	고치실(실크)	경토(耕土)	갈이흙
견중(繭重)	고치 무게	경폭(耕幅)	갈이 너비
견질(繭質)	고치질	경피감염(經皮感染)	살갗 감염
견치(犬齒)	송곳니	경화(硬化)	굳히기, 굳어짐
견흑수병(堅黑穗病)	속깜부기병	경화병(硬化病)	굳음병
결과습성(結果習性)	열매 맺음성, 맺음성	계(鷄)	닭
결과절위(結果節位)	열림마디	계관(鷄冠)	닭볏
결과지(結果枝)	열매가지	계단전(階段田)	계단밭
결구(結球)	알들이	계두(鷄痘)	닭마마
결속(結束)	묶음, 다발, 가지묶기	계류우사(繫留牛舍)	외양간
결실(結實)	열매맺기, 열매맺이	계목(繫牧)	매어기르기
결주(缺株)	빈포기	계분(鷄糞)	닭똥
결핍(乏)	모자람	계사(鷄舍)	닭장
결협(結莢)	꼬투리맺음	계상(鷄箱)	포갬 벌통
경경(莖徑)	줄기굵기	계속한천일수	계속 가뭄일수
경골(脛骨)	정강이뼈	(繼續旱天日數)	
경구감염(經口感染)	입감염	계역(鷄疫)	닭돌림병
경구투약(經口投藥)	약 먹이기	계우(鷄羽)	닭털
경련(痙攣)	떨림, 경련	계육(鷄肉)	닭고기
경립종(硬粒種)	굳음씨	고갈(枯渴)	마름
경백미(硬白米)	멥쌀	고랭지재배	고랭지가꾸기
경사지상전	비탈 뽕밭	(高冷地栽培)	
(傾斜地桑田)		고미(苦味)	쓴맛
경사휴재배	비탈 이랑 가꾸기	고사(枯死)	말라죽음
(傾斜畦栽培)		고삼(苦蔘)	너삼
경색(梗塞)	막힘, 경색	고설온상(高設溫床)	높은 온상
경산우(經産牛)	출산 소	고숙기(枯熟期)	고선 때

고온장일(高溫長日)	고온으로 오래 볕쬐기	과중(果重)	열매 무게
고온저장(高溫貯藏)	높은 온도에서 저장	과즙(果汁)	과일즙, 과즙
고접(高接)	높이 접붙임	과채류(果菜類)	열매채소
고조제(枯凋劑)	말림약	과총(果叢)	열매송이, 열매송이 무리
고즙(苦汁)	간수	과피(果皮)	열매 껍질
고취식압조	높이 떼기	과형(果形)	열매 모양
(高取式壓條)		관개수로(灌漑水路)	논물길
고토(苦土)	마그네슘	관개수심(灌漑水深)	댄 물깊이
고휴재배(高畦栽培)	높은 이랑 가꾸기(재배)	관수(灌水)	물주기
곡과(曲果)	굽은 과실	관주(灌注)	포기별 물주기
곡류(穀類)	곡식류	관행시비(慣行施肥)	일반적인 거름 주기
곡상충(穀象)	쌀바구미	광견병(狂犬病)	미친개병
곡아(穀蛾)	곡식나방	광발아종자	볕밭이씨
골간(骨幹)	뼈대, 골격, 골간	(光發芽種子)	
골격(骨格)	뼈대, 골간, 골격	광엽(廣葉)	넓은 잎
골분(骨粉)	뼛가루	광엽잡초(廣葉雜草)	넓은 잎 잡초
골연증(骨軟症)	뼈무름병, 골연증	광제잠종(製蠶種)	돌뱅이누에씨
공대(空袋)	빈 포대	광파재배(廣播栽培)	넓게 뿌려 가꾸기
공동경작(共同耕作)	어울려 짓기	괘대(掛袋)	봉지씌우기
공동과(空胴果)	속 빈 과실	괴경(塊莖)	덩이줄기
공시충(供試)	시험벌레	괴근(塊根)	덩이뿌리
공태(空胎)	새끼를 배지 않음	괴상(塊狀)	덩이꼴
공한지(空閑地)	빈땅	교각(橋角)	뿔 고치기
공협(空莢)	빈꼬투리	교맥(蕎麥)	메밀
과경(果徑)	열매의 지름	교목(喬木)	큰키 나무
과경(果梗)	열매 꼭지	교목성(喬木性)	큰키 나무성
과고(果高)	열매 키	교미낭(交尾囊)	정받이 주머니
과목(果木)	과일나무	교상(咬傷)	물린 상처
과방(果房)	과실송이	교질골(膠質骨)	아교질 뼈
과번무(過繁茂)	웃자람	교호벌채(交互伐採)	번갈아 베기
과산계(寡産鷄)	알적게 낳는 닭,	교호작(交互作)	엇갈이 짓기
	적게 낳는 닭	구강(口腔)	입안
과색(果色)	열매 빛깔	구경(球莖)	알 줄기
과석(過石)	과린산석회, 과석	구고(球高)	알 높이
과수(果穗)	열매송이	구근(球根)	알 뿌리
과수(顆數)	고치수	구비(廐肥)	외양간 두엄
과숙(過熟)	농익음	구서(驅鼠)	쥐잡기
과숙기(過熟期)	농익을 때	구순(口脣)	입술
과숙잠(過熟蠶)	너무익은 누에	구제(驅除)	없애기
과실(果實)	열매	구주리(歐洲李)	유럽자두
과심(果心)	열매 속	구주율(歐洲栗)	유럽밤
과아(果芽)	과실 눈	구주종포도	유럽포도
과엽충(瓜葉)	오이잎벌레	(歐洲種葡萄)	
과육(果肉)	열매 살	구중(球重)	알 무게
과장(果長)	열매 길이	구충(驅蟲)	벌레 없애기, 기생충 잡기

구형아접(鉤形芽接)	갈고리눈접	기비(基肥)	밑거름
국(麴)	누룩	기잠(起蠶)	인누에
군사(群飼)	무리 기르기	기지(忌地)	땅가림
궁형정지(弓形整枝)	활꽃나무 다듬기	기형견(畸形繭)	기형고치
권취(卷取)	두루말이식	기형수(畸形穗)	기형이삭
규반비(硅攀比)	규산 알루미늄 비율	기호성(嗜好性)	즐기성, 기호성
균경(菌莖)	버섯 줄기, 버섯대	기휴식(寄畦式)	모듬이랑식
균류(菌類)	곰팡이류, 곰팡이붙이	길경(桔梗)	도라지
균사(菌絲)	팡이실, 곰팡이실		
균산(菌傘)	버섯갓		
균상(菌床)	버섯판		

균습(菌褶)	버섯살	나맥(裸麥)	쌀보리
균열(龜裂)	터짐	나백미(白米)	찹쌀
균파(均播)	고루뿌림	나종(種)	찰씨
균핵(菌核)	균씨	나흑수병(裸黑穗病)	겉깜부기병
균핵병(菌核病)	균씨병, 균핵병	낙과(落果)	떨어진 열매, 열매 떨어짐
균형시비(均衡施肥)	거름 갖춰주기	낙농(酪農)	젖소 치기, 젖소양치기
근경(根莖)	뿌리줄기	낙뢰(落)	떨어진 망울
근계(根系)	뿌리 뻗음새	낙수(落水)	물 떼기
근교원예(近郊園藝)	변두리 원예	낙엽(落葉)	진 잎, 낙엽
근군분포(根群分布)	뿌리 퍼짐	낙인(烙印)	불도장
근단(根端)	뿌리끝	낙화(落花)	진 꽃
근두(根頭)	뿌리머리	낙화생(落花生)	땅콩
근류균(根溜菌)	뿌리혹박테리아,	난각(卵殼)	알 껍질
	뿌리혹균	난기운전(暖機運轉)	시동운전
근모(根毛)	뿌리털	난도(亂蹈)	날뜀
근부병(根腐病)	뿌리썩음병	난중(卵重)	알무게
근삽(根插)	뿌리꽂이	난형(卵形)	알모양
근아충(根)	뿌리혹벌레	난황(卵黃)	노른자위
근압(根壓)	뿌리압력	내건성(耐乾性)	마름견딜성
근얼(根蘖)	뿌리벌기	내구연한(耐久年限)	견디는 연수
근장(根長)	뿌리길이	내냉성(耐冷性)	찬기운 견딜성
근접(根接)	뿌리접	내도복성(耐倒伏性)	쓰러짐 견딜성
근채류(根菜類)	뿌리채소류	내반경(內返耕)	안쪽 돌아갈이
근형(根形)	뿌리모양	내병성(耐病性)	병 견딜성
근활력(根活力)	뿌리힘	내비성(耐肥性)	거름 견딜성
급사기(給飼器)	모이통, 먹이통	내성(耐性)	견딜성
급상(給桑)	뽕주기	내염성(耐鹽性)	소금기 견딜성
급상대(給桑臺)	채반받침틀	내충성(耐性)	벌레 견딜성
급상량(給桑量)	뽕주는 양	내피(內皮)	속껍질
급수기(給水器)	물그릇, 급수기	내피복(內被覆)	속덮기, 속덮개
급이(給飴)	먹이	내한(耐旱)	가뭄 견딤
급이기(給飴器)	먹이통	내향지(內向枝)	안쪽 뻗은 가지
기공(氣孔)	숨구멍	냉동육(冷凍肉)	얼린 고기
기관(氣管)	숨통, 기관	냉수관개(冷水灌漑)	찬물대기

냉수답(冷水畓)	찬물 논	다년생(多年生)	여러해살이
냉수용출답	샘논	다년생초화	여러해살이 꽃
(冷水湧出畓)		(多年生草化)	
냉수유입답	찬물받이 논	다독아(茶毒蛾)	차나무독나방
(冷水流入畓)		다두사육(多頭飼育)	무리기르기
냉온(冷溫)	찬기	다모작(多毛作)	여러 번 짓기
노	머위	다비재배(多肥栽培)	길게 가꾸기
노계(老鷄)	묵은 닭	다수확품종	소출 많은 품종
노목(老木)	늙은 나무	(多收穫品種)	
노숙유충(老熟幼蟲)	늙은 애벌레,	다육식물(多肉植物)	잎이나 줄기에
	다 자란 유충		수분이 많은 식물
노임(勞賃)	품삯	다즙사료(多汁飼料)	물기 많은 먹이
노지화초(露地花草)	한데 화초	다화성잠저병	누에쉬파리병
노폐물(老廢物)	묵은 찌꺼기	(多花性蠶病)	
노폐우(老廢牛)	늙은 소	다회육(多回育)	여러 번 치기
노화(老化)	늙음	단각(斷角)	뿔자르기
노화묘(老化苗)	쇤모	단간(短稈)	짧은키
노후화답(老朽化畓)	해식은 논	단간수수형품종	키작고 이삭 많은 품종
녹변(綠便)	푸른 똥	(短稈穗數型品種)	
녹비(綠肥)	풋거름	단간수중형품종	키작고 이삭 큰 품종
녹비작물(綠肥作物)	풋거름 작물	(短稈穗重型品種)	
녹비시용(綠肥施用)	풋거름 주기	단경기(端境期)	때아닌 철
녹사료(綠飼料)	푸른 사료	단과지(短果枝)	짧은 열매가지, 단과지
녹음기(綠陰期)	푸른철, 숲 푸른철	단교잡종(單交雜種)	홑트기씨. 단교잡종
녹지삽(綠枝揷)	풋가지꽂이	단근(斷根)	뿌리끊기
농번기(農繁期)	농사철	단립구조(單粒構造)	홑알 짜임
농병(膿病)	고름병	단립구조(團粒構造)	떼알 짜임
농약살포(農藥撒布)	농약 뿌림	단망(短芒)	짧은 가락
농양(膿瘍)	고름집	단미(斷尾)	꼬리 자르기
농업노동(農業勞動)	농사품, 농업노동	단소전정(短剪定)	짧게 치기
농종(膿腫)	고름종기	단수(斷水)	물 끊기
농지조성(農地造成)	농지일구기	단시형(短翅型)	짧은날개꼴
농축과즙(濃縮果汁)	진한 과즙	단아(單芽)	홑눈
농포(膿泡)	고름집	단아삽(短芽揷)	외눈꺾꽂이
농혈증(膿血症)	피고름증	단안(單眼)	홑눈
농후사료(濃厚飼料)	기름진 먹이	단열재료(斷熱材料)	열을 막아주는 재료
뇌	봉오리	단엽(單葉)	홑잎
뇌수분(受粉)	봉오리 가루받이	단원형(短圓型)	둥근모양
누관(淚管)	눈물관	단위결과(單爲結果)	무수정 열매맺음
누낭(淚囊)	눈물 주머니	단위결실(單爲結實)	제꽃 열매맺이, 제꽃맺이
누수답(漏水畓)	시루논	단일성식물	짧은볕식물
		(短日性植物)	
		단자삽(團子揷)	경단꽂이
ㄷ		단작(單作)	홑짓기
다(茶)	차	단제(單蹄)	홑굽

단지(短枝)	짧은 가지	도장지(徒長枝)	웃자람 가지
담낭(膽囊)	쓸개	도적아충(挑赤)	복숭아붉은진딧물
담석(膽石)	쓸개돌	도체율(屠體率)	통고기율, 머리, 발목,
담수(湛水)	물 담김		내장을 제외한 부분
담수관개(湛水觀漑)	물 가두어 대기	도포제(塗布劑)	바르는 약
담수직파(湛水直播)	무논뿌림,	도한(盜汗)	식은땀
	무논 바로 뿌리기	독낭(毒囊)	독주머니
담자균류(子菌類)	자루곰팡이붙이,	독우(犢牛)	송아지
	자루곰팡이류	독제(毒劑)	독약, 독제
담즙(膽汁)	쓸개즙	돈(豚)	돼지
답리작(畓裏作)	논뒷그루	돈단독(豚丹毒)	돼지단독(병)
답압(踏壓)	밟기	돈두(豚痘)	돼지마마
답입(踏)	밟아넣기	돈사(豚舍)	돼지우리
답작(畓作)	논농사	돈역(豚疫)	돼지돌림병
답전윤환(畓田輪換)	논밭 돌려짓기	돈콜레라(豚cholera)	돼지콜레라
답전작(畓前作)	논앞그루	돈폐충(豚肺)	돼지폐충
답차륜(畓車輪)	논바퀴	동고병(胴枯病)	줄기마름병
답후작(畓後作)	논뒷그루	동기전정(冬期剪定)	겨울가지치기
당약(當藥)	쓴 풀	동맥류(動脈瘤)	동맥혹
대국(大菊)	왕국화, 대국	동면(冬眠)	겨울잠
대두(大豆)	콩	동모(冬毛)	겨울털
대두박(大豆粕)	콩깻묵	동백과(冬栢科)	동백나무과
대두분(大豆粉)	콩가루	동복자(同腹子)	한배 새끼
대두유(大豆油)	콩기름	동봉(動蜂)	일벌
대립(大粒)	굵은알	동비(冬肥)	겨울거름
대립종(大粒種)	굵은씨	동사(凍死)	얼어죽음
대마(大麻)	삼	동상해(凍霜害)	서리피해
대맥(大麥)	보리, 겉보리	동아(冬芽)	겨울눈
대맥고(大麥藁)	보릿짚	동양리(東洋李)	동양자두
대목(臺木)	바탕나무,	동양리(東洋梨)	동양배
대목아(臺木牙)	바탕이 되는 나무	동작(冬作)	겨울가꾸기
	대목눈	동작물(冬作物)	겨울작물
대장(大腸)	큰창자	동절견(胴切繭)	허리 앓은 고치
대추(大雛)	큰병아리	동채(冬菜)	무갓
대퇴(大腿)	넓적다리	동통(疼痛)	아픔
도(桃)	복숭아	동포자(冬胞子)	겨울 홀씨
도고(稻藁)	볏짚	동할미(胴割米)	금간 쌀
도국병(稻麴病)	벼이삭누룩병	동해(凍害)	언 피해
도근식엽충(稻根食葉)	벼뿌리잎벌레	두과목초(豆科牧草)	콩과 목초(풀)
도복(倒伏)	쓰러짐	두과작물(豆科作物)	콩과작물
도복방지(倒伏防止)	쓰러짐 막기	두류(豆類)	콩류
도봉(盜蜂)	도둑벌	두리(豆李)	콩배
도수로(導水路)	물 댈 도랑	두부(頭部)	머리, 두부
도야도아(稻夜盜蛾)	벼도둑나방	두유(豆油)	콩기름
도장(徒長)	웃자람	두창(痘瘡)	마마, 두창

두화(頭花)	머리꽃
둔부(臀部)	궁둥이
둔성발정(鈍性發精)	미약한 발정
드릴파	좁은줄뿌림
등숙기(登熟期)	여뭄 때
등숙비(登熟肥)	여뭄 거름

ㅁ

마두(馬痘)	말마마
마령서(馬鈴薯)	감자
마령서아(馬鈴薯蛾)	감자나방
마록묘병(馬鹿苗病)	키다리병
마사(馬舍)	마굿간
마쇄(磨碎)	갈아부수기, 갈부수기
마쇄기(磨碎機)	갈아 부수개
마치종(馬齒種)	말이씨, 오목씨
마포(麻布)	삼베, 마포
만기재배(晚期栽培)	늦가꾸기
만반(蔓返)	덩굴뒤집기
만상(晚霜)	늦서리
만상해(晚霜害)	늦서리 피해
만생상(晚生桑)	늦뽕
만생종(晚生種)	늦씨, 늦게 가꾸는 씨앗
만성(蔓性)	덩굴쇠
만성식물(蔓性植物)	덩굴성식물, 덩굴식물
만숙(晚熟)	늦익음
만숙립(晚熟粒)	늦여문알
만식(晚植)	늦심기
만식이앙(晚植移秧)	늦모내기
만식재배(晚植栽培)	늦심어 가꾸기
만연(蔓延)	번짐, 퍼짐
만절(蔓切)	덩굴치기
만추잠(晚秋蠶)	늦가을누에
만파(晚播)	늦뿌림
만할병(蔓割病)	덩굴쪼개병
만화형(蔓化型)	덩굴지기
망사피복(網紗避覆)	망사덮기, 망사덮개
망입(網入)	그물넣기
망장(芒長)	까락길이
망진(望診)	겉보기 진단, 보기 진단
망취법(網取法)	그물 떼내기법
매(梅)	매실
매간(梅干)	매실절이
매도(梅挑)	앵두

매문병(煤紋病)	그을음무늬병, 매문병
매병(煤病)	그을음병
매초(埋草)	담근 먹이
맥간류(麥稈類)	보릿짚류
맥강(麥糠)	보릿겨
맥답(麥畓)	보리논
맥류(麥類)	보리류
맥발아충(麥髮)	보리깔진딧물
맥쇄(麥碎)	보리싸라기
맥아(麥蛾)	보리나방
맥전답압(麥田踏壓)	보리밭 밟기, 보리 밟기
맥주맥(麥酒麥)	맥주보리
맥후작(麥後作)	모리뒷그루
맹	등에
맹아(萌芽)	움
멀칭(mulching)	바닥덮기
면(眠)	잠
면견(綿繭)	솜고치
면기(眠期)	잠잘때
면류(麵類)	국수류
면실(棉實)	목화씨
면실박(棉實粕)	목화씨깻묵
면실유(棉實油)	목화씨기름
면양(緬羊)	털염소
면잠(眠蠶)	잠누에
면제사(眠除沙)	잠똥갈이
면포(棉布)	무명(베), 면포
면화(棉花)	목화
명거배수(明渠排水)	겉도랑 물빼기, 겉도랑빼기
모계(母鷄)	어미닭
모계육추(母鷄育雛)	품어 기르기
모독우(牡犢牛)	황송아지, 수송아지
모돈(母豚)	어미돼지
모본(母本)	어미그루
모지(母枝)	어미가지
모피(毛皮)	털가죽
목건초(牧乾草)	목초 말린풀
목단(牧丹)	모란
목본류(木本類)	나무붙이
목야(초)지(牧野草地)	꼴밭, 풀밭
목제잠박(木製蠶箔)	나무채반, 나무누에채반
목책(牧柵)	울타리, 목장 울타리
목초(牧草)	꼴, 풀
몽과(果)	망고

몽리면적(蒙利面積)	물 댈 면적
묘(苗)	모종
묘근(苗根)	모뿌리
묘대(苗垈)	못자리
묘대기(苗垈期)	못자리때
묘령(苗齡)	모의 나이
묘매(苗)	멍석딸기
묘목(苗木)	모나무
묘상(苗床)	모판
묘판(苗板)	못자리
무경운(無耕耘)	갈지 않음
무기질토양 (無機質土壤)	무기질 흙
무망종(無芒種)	까락 없는 씨
무종자과실 (無種子果實)	씨 없는 열매
무증상감염 (無症狀感染)	증상 없이 옮김
무핵과(無核果)	씨없는 과실
무효분얼기 ((無效分蘖期)	헛가지 치기
무효분얼종지기 (無效分蘖終止期)	헛가지 치기 끝날 때
문고병(紋故病)	잎집무늬마름병
문단(文旦)	문단귤
미강(米糠)	쌀겨
미경산우(未經産牛)	새끼 안낳는 소
미곡(米穀)	쌀
미국(米麴)	쌀누룩
미립(米粒)	쌀알
미립자병(微粒子病)	잔알병
미숙과(未熟課)	선열매, 덜 여문 열매
미숙답(未熟畓)	덜된 논
미숙립(未熟粒)	덜 여문 알
미숙잠(未熟蠶)	설익은 누에
미숙퇴비(未熟堆肥)	덜썩은 두엄
미우(尾羽)	꼬리깃
미질(米質)	쌀의 질, 쌀품질
밀랍(蜜蠟)	꿀밀
밀봉(蜜蜂)	꿀벌
밀사(密飼)	배게기르기
밀선(蜜腺)	꿀샘
밀식(密植)	배게심기, 빽빽하게 심기
밀원(蜜源)	꿀밭
밀파(密播)	배게뿌림, 빽빽하게 뿌림

ㅂ

바인더(binder)	베어묶는 기계
박(粕)	깻묵
박력분(薄力粉)	메진 밀가루
박파(薄播)	성기게 뿌림
박피(剝皮)	껍질벗기기
박피견(薄皮繭)	얇은고치
반경지삽(半硬枝插)	반굳은 가지꽂이, 반굳은꽂이
반숙퇴비(半熟堆肥)	반썩은 두엄
반억제재배 (半抑制栽培)	반늦추어 가꾸기
반엽병(斑葉病)	줄무늬병
반전(反轉)	뒤집기
반점(斑點)	얼룩점
반점병(斑點病)	점무늬병
반촉성재배 (半促成栽培)	반당겨 가꾸기
반추(反芻)	되새김
반흔(搬痕)	딱지자국
발근(發根)	뿌리내림
발근제(發根劑)	뿌리내림약
발근촉진(發根促進)	뿌리내림 촉진
발병엽수(發病葉數)	병든 잎수
발병주(發病株)	병든포기
발아(發蛾)	싹트기, 싹틈
발아적온(發芽適溫)	싹트기 알맞은 온도
발아촉진(發芽促進)	싹트기 촉진
발아최성기 (發芽最盛期)	나방제철
발열(發熱)	열남, 열냄
발우(拔羽)	털뽑기
발우기(拔羽機)	털뽑개
발육부전(發育不全)	제대로 못자람
발육사료(發育飼料)	자라는데 주는 먹이
발육지(發育枝)	자람가지
발육최성기 (發育最盛期)	한창 자랄 때
발정(發情)	암내
발한(發汗)	땀남
발효(醱酵)	띄우기
방뇨(防尿)	오줌누기
방목(放牧)	놓아 먹이기
방사(放飼)	놓아 기르기

농업용어

방상(防霜)	서리막기	보파(補播)	덧뿌림
방풍(防風)	바람막이	보행경직(步行硬直)	뻗장 걸음
방한(防寒)	추위막이	보행창흔(步行瘡痕)	비틀 걸음
방향식물(芳香植物)	향기식물	복개육(覆蓋育)	덮어치기
배(胚)	씨눈	복교잡종(複交雜種)	겹트기씨
배뇨(排尿)	오줌 빼기	복대(覆袋)	봉지 씌우기
배배양(胚培養)	씨눈배양	복백(腹白)	겉백이
배부식분무기	등으로 매는 분무기	복아(複芽)	겹눈
(背負式噴霧器)		복아묘(複芽苗)	겹눈모
배부형(背負形)	등짐식	복엽(腹葉)	겹잎
배상형(盃狀形)	사발꼴	복접(腹接)	허리접
배수(排水)	물빼기	복지(匐枝)	기는 줄기
배수구(排水溝)	물뺄 도랑	복토(覆土)	흙덮기
배수로(排水路)	물뺄 도랑	복통(腹痛)	배앓이
배아비율(胚芽比率)	씨눈비율	복합아(複合芽)	겹눈
배유(胚乳)	씨젖	본답(本畓)	본논
배조맥아(焙燥麥芽)	말린 엿기름	본엽(本葉)	본잎
배초(焙焦)	볶기	본포(本圃)	제밭, 본밭
배토(培土)	북주기, 흙 북돋아 주기	봉군(蜂群)	벌떼
배토기(培土機)	북주개, 작물사이의 흙을 북	봉밀(蜂蜜)	벌꿀, 꿀
	돋아 주는데 사용하는 기계	봉상(蜂箱)	벌통
백강병(白殭病)	흰굳음병	봉침(蜂針)	벌침
백리(白痢)	흰설사	봉합선(縫合線)	솔기
백미(白米)	흰쌀	부고(敷藁)	깔짚
백반병(白斑病)	흰무늬병	부단급여(不斷給與)	대먹임, 계속 먹임
백부병(百腐病)	흰썩음병	부묘(浮苗)	뜬모
백삽병(白澁病)	흰가루병	부숙(腐熟)	썩힘
백쇄미(白碎米)	흰싸라기	부숙도(腐熟度)	썩은 정도
백수(白穗)	흰마름 이삭	부숙퇴비(腐熟堆肥)	썩은 두엄
백엽고병(白葉枯病)	흰잎마름병	부식(腐植)	써거리
백자(栢子)	잣	부식토(腐植土)	써거리 흙
백채(白菜)	배추	부신(副腎)	곁콩팥
백합과(百合科)	나리과	부아(副芽)	덧눈
변속기(變速機)	속도조절기	부정근(不定根)	막뿌리
병과(病果)	병든 열매	부정아(不定芽)	막눈
병반(病斑)	병무늬	부정형견(不定形繭)	못생긴 고치
병소(病巢)	병집	부제병(腐蹄病)	발굽썩음병
병우(病牛)	병든 소	부종(浮腫)	붓는 병
병징(病徵)	병증세	부주지(副主枝)	버금가지
보비력(保肥力)	거름을 지닐 힘	부진자류(浮塵子類)	멸구매미충류
보수력(保水力)	물 지닐힘	부초(敷草)	풀 덮기
보수일수(保水日數)	물 지닐 일수	부패병(腐敗病)	썩음병
보식(補植)	메워서 심기	부화(孵化)	알깨기, 알까기
보양창흔(步樣瘡痕)	비틀거림	부화약충(孵化若)	갓 깬 애벌레
보정법(保定法)	잡아매기	분근(分根)	뿌리나누기

분뇨(糞尿)	똥오줌	비옥(肥沃)	걸기
분만(分娩)	새끼낳기	비유(泌乳)	젖나기
분만간격(分娩間隔)	터울	비육(肥育)	살찌우기
분말(粉末)	가루	비육양돈(肥育養豚)	살돼지 기르기
분무기(噴霧機)	뿜개	비음(庇陰)	그늘
분박(分箔)	채반가름	비장(臟)	지라
분봉(分蜂)	벌통가르기	비절(肥絶)	거름 떨어짐
분사(粉飼)	가루먹이	비환(鼻環)	코뚜레
분상질소맥	메진 밀	비효(肥效)	거름효과
(粉狀質小麥)		빈독우(牝犢牛)	암송아지
분시(分施)	나누어 비료주기	빈사상태(瀕死狀態)	다죽은 상태
분식(粉食)	가루음식	빈우(牝牛)	암소
분얼(分蘖)	새끼치기		
분얼개도(分蘖開度)	포기 퍼짐새		
분얼경(分蘖莖)	새끼친 줄기	ㅅ	
분얼기(分蘖期)	새끼칠 때		
분얼비(分蘖肥)	새끼칠 거름	사(砂)	모래
분얼수(分蘖數)	새끼친 수	사견양잠(絲繭養蠶)	실고치 누에치기
분얼절(分蘖節)	새끼마디	사경(砂耕)	모래 가꾸기
분얼최성기	새끼치기 한창 때	사과(絲瓜)	수세미
(分蘖最盛期)		사근접(斜根接)	뿌리엇접
분의처리(粉依處理)	가루묻힘	사낭(砂囊)	모래주머니
분재(盆栽)	분나무	사란(死卵)	곤달걀
분제(粉劑)	가루약	사력토(砂礫土)	자갈흙
분주(分株)	포기나눔	사롱견(死籠繭)	번데기가 죽은 고치
분지(分枝)	가지벌기	사료(飼料)	먹이
분지각도(分枝角度)	가지벌림새	사료급여(飼料給與)	먹이주기
분지수(分枝數)	번 가지수	사료포(飼料圃)	사료밭
분지장(分枝長)	가지길이	사망(絲網)	실그물
분총(分)	쪽파	사면(四眠)	넉잠
불면잠(不眠蠶)	못자는 누에	사멸온도(死滅溫度)	죽는 온도
불시재배(不時栽培)	때없이 가꾸기	사비료작물	먹이 거름작물
불시출수(不時出穗)	때없이 이삭패기,	(飼肥料作物)	
	불시이삭패기	사사(舍飼)	가둬 기르기
불용성(不溶性)	안녹는	사산(死産)	죽은 새끼낳음
불임도(不姙稻)	쭉정이벼	사삼(沙蔘)	더덕
불임립(不稔粒)	쭉정이	사성휴(四盛畦)	네가웃지기
불탈견아(不脫繭蛾)	못나온 나방	사식(斜植)	빗심기, 사식
비경(鼻鏡)	콧등, 코거울	사양(飼養)	치기, 기르기
비공(鼻孔)	콧구멍	사양토(砂壤土)	모래참흙
비등(沸騰)	끓음	사육(飼育)	기르기, 치기
비료(肥料)	거름	사접(斜接)	엇접
비루(鼻淚)	콧물	사조(飼槽)	먹이통
비배관리(肥培管理)	거름주어 가꾸기	사조맥(四條麥)	네모보리
비산(飛散)	흩날림	사총(絲蔥)	실파
		사태아(死胎兒)	죽은 태아

사토(砂土)	모래흙	상아고병(桑芽枯病)	뽕나무눈마름병,
삭	다래		뽕눈마름병
삭모(削毛)	털깎기	상엽(桑葉)	뽕잎
삭아접(削芽接)	깍기눈접	상엽충(桑葉)	뽕잎벌레
삭제(削蹄)	발굽깍기, 굽깍기	상온(床溫)	모판온도
산과앵도(酸果櫻挑)	신앵두	상위엽(上位葉)	윗잎
산도교정(酸度橋正)	산성고치기	상자육(箱子育)	상자치기
산란(產卵)	알낳기	상저(上藷)	상고구마
산리(山李)	산자두	상전(桑田)	뽕밭
산미(酸味)	신맛	상족(上簇)	누에올리기
산상(山桑)	산뽕	상주(霜柱)	서릿발
산성토양(酸性土壤)	산성흙	상지척확(桑枝尺)	뽕나무자벌레
산식(散植)	흩어심기	상천우(桑天牛)	뽕나무하늘소
산약(山藥)	마	상토(床土)	모판흙
산양(山羊)	염소	상폭(上幅)	윗너비, 상폭
산양유(山羊乳)	염소젖	상해(霜害)	서리피해
산유(酸乳)	젖내기	상흔(傷痕)	흉터
산유량(酸乳量)	우유 생산량	색택(色澤)	빛깔
산육량(產肉量)	살코기량	생견(生繭)	생고치
산자수(產仔數)	새끼수	생경중(生莖重)	풋줄기무게
산파(散播)	흩뿌림	생고중(生藁重)	생짚 무게
산포도(山葡萄)	머루	생돈(生豚)	생돼지
살분기(撒粉機)	가루뿜개	생력양잠(省力養蠶)	노동력 줄여 누에치기
삼투성(滲透性)	스미는 성질	생력재배(省力栽培)	노동력 줄여 가꾸기
삽목(揷木)	꺾꽂이	생사(生飼)	날로 먹이기
삽목묘(揷木苗)	꺾꽂이모	생시체중(生時體重)	날때 몸무게
삽목상(揷木床)	꺾꽂이 모판	생식(生食)	날로 먹기
삽미(澁味)	떫은 맛	생유(生乳)	날젖
삽상(揷床)	꺾꽂이 모판	생육(生肉)	날고기
삽수(揷穗)	꺾꽂이순	생육상(生育狀)	자라는 모양
삽시(揷柿)	떫은 감	생육적온(生育適溫)	자라기 적온,
삽식(揷植)	꺾꽂이		자라기 맞는 온도
삽접(揷接)	꽂이접	생장률(生長率)	자람비율
상(床)	모판	생장조정제	생장조정약
상개각충(桑介殼)	뽕깍지 벌레	(生長調整劑)	
상견(上繭)	상등고치	생전분(生澱粉)	날녹말
상면(床面)	모판바닥	서(黍)	기장
상명아(桑螟蛾)	뽕나무명나방	서강사료(薯糠飼料)	겨감자먹이
상묘(桑苗)	뽕나무묘목	서과(西瓜)	수박
상번초(上繁草)	키가 크고 잎이	서류(薯類)	감자류
	위쪽에 많은 풀	서상층(鋤床層)	쟁기밑층
상습지(常習地)	자주나는 곳	서양리(西洋李)	양자두
상심(桑)	오디	서혜임파절	사타구니임파절
상심지영승	뽕나무순혹파리	(鼠蹊淋巴節)	
(湘芯止蠅)		석답(潟畓)	갯논

238

석분(石粉)	돌가루	소광(巢)	벌집틀
석회고(石灰藁)	석회짚	소국(小菊)	잔국화
석회석분말	석회가루	소낭(囊)	모이주머니
(石灰石粉末)		소두(小豆)	팥
선견(選繭)	고치 고르기	소두상충(小豆象)	팥바구미
선과(選果)	과실 고르기	소립(小粒)	잔알
선단고사(先端枯死)	끝마름	소립종(小粒種)	잔씨
선단벌채(先端伐採)	끝베기	소맥(小麥)	밀
선란기(選卵器)	알고르개	소맥고(小麥藁)	밀짚
선모(選毛)	털고르기	소맥부(小麥)	밀기울
선종(選種)	씨고르기	소맥분(小麥粉)	밀가루
선택성(選擇性)	가릴성	소문(巢門)	벌통문
선형(扇形)	부채꼴	소밀(巢蜜)	개꿀, 벌통에서 갓 떼어내 벌
선회운동(旋回運動)	맴돌이운동, 맴돌이		집에 그대로 들어있는 꿀
설립(粒)	쭉정이	소비(巢脾)	밀랍으로 만든 벌집
설미(米)	쭉정이쌀	소비재배(小肥栽培)	거름 적게 주어 가꾸기
설서(薯)	잔감자	소상(巢箱)	벌통
설저(藷)	잔고구마	소식(疎植)	성글게 심기, 드물게 심기
설하선(舌下腺)	혀밑샘	소양증(瘙痒症)	가려움증
설형(楔形)	쐐기꼴	소엽(蘇葉)	차조기잎, 차조기
섬세지(纖細枝)	실가지	소우(素牛)	밑소
섬유장(纖維長)	섬유길이	소잠(掃蠶)	누에떨기
성계(成鷄)	큰닭	소주밀식(小株密植)	적게 잡아 배게심기
성과수(成果樹)	자란 열매나무	소지경(小枝梗)	벼알가지
성돈(成豚)	자란 돼지	소채아(小菜蛾)	배추좀나방
성목(成木)	자란 나무	소초(巢礎)	벌집틀바탕
성묘(成苗)	자란 모	소토(燒土)	흙 태우기
성숙기(成熟期)	익음 때	속(束)	묶음, 다발, 뭇
성엽(成葉)	다자란 잎, 자란 잎	속(粟)	조
성장률(成長率)	자람 비율	속명충(粟螟)	조명나방
성추(成雛)	큰병아리	속성상전(速成桑田)	속성 뽕밭
성충(成蟲)	어른벌레	속성퇴비(速成堆肥)	빨리 썩을 두엄
성토(成兎)	자란 토끼	속야도충(粟夜盜)	멸강나방
성토법(盛土法)	묻어떼기	속효성(速效性)	빨리 듣는
성하기(盛夏期)	한여름	쇄미(碎米)	싸라기
세균성연화병	세균무름병	쇄토(碎土)	흙 부수기
(細菌性軟化病)		수간(樹間)	나무 사이
세근(細根)	잔뿌리	수견(收繭)	고치따기
세모(洗毛)	털 씻기	수경재배(水耕栽培)	물로 가꾸기
세잠(細蠶)	가는 누에	수고(樹高)	나무키
세절(細切)	잘게 썰기	수고병(穗枯病)	이삭마름병
세조파(細條播)	가는 줄뿌림	수광(受光)	빛살받기
세지(細枝)	잔가지	수도(水稻)	벼
세척(洗滌)	씻기	수도이앙기	모심개
소각(燒却)	태우기	(水稻移秧機)	

농업용어

수동분무기 (手動噴霧器)	손뿜개
수두(獸痘)	짐승마마
수령(樹)	나무사이
수로(水路)	도랑
수리불안전답 (水利不安全畓)	물 사정 나쁜 논
수리안전답 (水利安全畓)	물 사정 좋은 논
수면처리(水面處理)	물 위 처리
수모(獸毛)	짐승털
수묘대(水苗垈)	물 못자리
수밀(蒐蜜)	꿀 모으기
수발아(穗發芽)	이삭 싹나기
수병(銹病)	녹병
수분(受粉)	꽃가루받이, 가루받이
수분(水分)	물기
수분수(授粉樹)	가루받이 나무
수비(穗肥)	이삭거름
수세(樹勢)	나무자람새
수수(穗數)	이삭수
수수(穗首)	이삭목
수수도열병 (穗首稻熱病)	목도열병
수수분화기 (穗首分化期)	이삭 생길 때
수수형(穗數型)	이삭 많은 형
수양성하리 (水性下痢)	물똥설사
수엽량(收葉量)	뽕 거둠량
수아(收蛾)	나방 거두기
수온(水溫)	물온도
수온상승(水溫上昇)	물온도 높이기
수용성(水溶性)	물에 녹는
수용제(水溶劑)	물녹임약
수유(受乳)	젖받기, 젖주기
수유율(受乳率)	기름내는 비율
수이(水飴)	물엿
수장(穗長)	이삭길이
수전기(穗期)	이삭 거의 팼을 때
수정(受精)	정받이
수정란(受精卵)	정받이알
수조(水)	물통
수종(水腫)	물종기
수중형(穗重型)	큰이삭형
수차(手車)	손수레
수차(水車)	물방아
수척(瘦瘠)	여윔
수침(水浸)	물잠김
수태(受胎)	새끼배기
수포(水泡)	물집
수피(樹皮)	나무 껍질
수형(樹形)	나무 모양
수형(穗形)	이삭 모양
수화제(水和劑)	물풀이약
수확(收穫)	거두기
수확기(收穫機)	거두는 기계
숙근성(宿根性)	해묵이
숙기(熟期)	익음 때
숙도(熟度)	익은 정도
숙면기(熟眠期)	깊은 잠 때
숙사(熟飼)	끓여 먹이기
숙잠(熟蠶)	익은 누에
숙전(熟田)	길든 밭
숙지삽(熟枝插)	굳가지꽂이
숙채(熟菜)	익힌 나물
순찬경법(順次耕法)	차례 갈기
순치(馴致)	길들이기
순화(馴化)	길들이기, 굳히기
순환관개(循環觀漑)	돌려 물대기
순회관찰(巡廻觀察)	돌아보기
습답(濕畓)	고논
습포육(濕布育)	젖은 천 덮어치기
승가(乘駕)	교배를 위해 등에 올라타는 것
시(柿)	감
시비(施肥)	거름주기, 비료주기
시비개선(施肥改善)	거름주는 방법을 좋게 바꿈
시비기(施肥機)	거름주개
시산(始產)	처음 낳기
시실아(柿實蛾)	감꼭지나방
시진(視診)	살펴보기 진단, 보기진단
시탈삽(柿脫澁)	감우림
식단(食單)	차림표
식부(植付)	심기
식상(植傷)	몸살
식상(植桑)	뽕나무심기
식습관(食習慣)	먹는 버릇
식양토(埴壤土)	질참흙
식염(食鹽)	소금

식염첨가(食鹽添加)	소금치기	아주지(亞主枝)	버금가지
식우성(食羽性)	털 먹는 버릇	아충	진딧물
식이(食餌)	먹이	악	꽃받침
식재거리(植栽距離)	심는 거리	악성수종(惡性水腫)	악성물종기
식재법(植栽法)	심는 법	악편(片)	꽃받침조각
식토(植土)	질흙	안(眼)	눈
식하량(食下量)	먹는 양	안점기(眼点期)	점보일 때
식해(害)	갉음 피해	암거배수(暗渠排水)	속도랑 물빼기
식혈(植穴)	심을 구덩이	암발아종자	그늘받이씨
식흔(痕)	먹은 흔적	(暗發芽種子)	
신미종(辛味種)	매운 품종	암최청(暗催靑)	어둠 알깨기
신소(新)	새가지, 새순	압궤(壓潰)	눌러 으깨기
신소삽목(新揷木)	새순 꺾꽂이	압사(壓死)	깔려죽음
신소엽량(新葉量)	새순 잎량	압조법(壓條法)	휘묻이
신엽(新葉)	새잎	압착기(壓搾機)	누름틀
신장(腎臟)	콩팥, 신장	액비(液肥)	물거름, 액체비료
신장기(伸張期)	줄기자람 때	액아(腋芽)	겨드랑이눈
신장절(伸張節)	자란 마디	액제(液劑)	물약
신지(新枝)	새가지	액체비료(液體肥料)	물거름
신품종(新品種)	새품종	앵속(罌粟)	양귀비
실면(實棉)	목화	야건초(野乾草)	말린들풀
실생묘(實生苗)	씨모	야도아(夜盜蛾)	도둑나방
실생번식(實生繁殖)	씨로 불림	야도충(夜盜)	도둑벌레,
심경(深耕)	깊이 갈이		밤나방의 어린 벌레
심경다비(深耕多肥)	깊이 갈아 걸우기	야생초(野生草)	들풀
심고(芯枯)	순마름	야수(野獸)	들짐승
심근성(深根性)	깊은 뿌리성	야자유(椰子油)	야자기름
심부명(深腐病)	속썩음병	야잠견(野蠶繭)	들누에고치
심수관개(深水灌漑)	물 깊이대기, 깊이대기	야적(野積)	들가리
심식(深植)	깊이심기	야초(野草)	들풀
심엽(心葉)	속잎	약(葯)	꽃밥
심지(芯止)	순멎음, 순멎이	약목(若木)	어린 나무
심층시비(深層施肥)	깊이 거름주기	약빈계(若牝鷄)	햇암탉
심토(心土)	속흙	약산성토양	약한 산성흙
심토층(心土層)	속흙층	(弱酸性土壤)	
십자화과(十字花科)	배추과	약숙(若熟)	덜익음
		약염기성(弱鹽基性)	약한 알칼리성
		약웅계(若雄鷄)	햇수탉
		약지(弱枝)	약한 가지
아(芽)	눈	약지(若枝)	어린 가지
아(蛾)	나방	약충(若)	애벌레, 유충
아고병(芽枯病)	눈마름병	약토(若兎)	어린 토끼
아삽(芽揷)	눈꽂이	양건(乾)	볕에 말리기
아접(芽接)	눈접	양계(養鷄)	닭치기
아접도(芽接刀)	눈접칼	양돈(養豚)	돼지치기

농업용어

양두(羊痘)	염소마마	연화병(軟化病)	무름병
양마(洋麻)	양삼	연화재배(軟化栽培)	연하게 가꾸기
양맥(洋麥)	호밀	열과(裂果)	열매터짐, 터진열매
양모(羊毛)	양털	열구(裂球)	통터짐, 알터짐, 터진알
양묘(養苗)	모 기르기	열근(裂根)	뿌리터짐, 터진 뿌리
양묘육성(良苗育成)	좋은 모 기르기	열대과수(熱帶果樹)	열대 과일나무
양봉(養蜂)	벌치기	열옆(裂葉)	갈래잎
양사(羊舍)	양우리	염기성(鹽基性)	알칼리성
양상(揚床)	돋움 모판	염기포화도	알칼리포화도
양수(揚水)	물 푸기	(鹽基飽和度)	
양수(羊水)	새끼집 물	염료(染料)	물감
양열재료(釀熱材料)	열 낼 재료	염료작물(染料作物)	물감작물
양유(羊乳)	양젖	염류농도(鹽類濃度)	소금기 농도
양육(羊肉)	양고기	염류토양(鹽類土壤)	소금기 흙
양잠(養蠶)	누에치기	염수(鹽水)	소금물
양접(揚接)	딴자리접	염수선(鹽水選)	소금물 가리기
양질미(良質米)	좋은 쌀	염안(鹽安)	염화암모니아
양토(壤土)	참흙	염장(鹽藏)	소금저장
양토(養兎)	토끼치기	염중독증(鹽中毒症)	소금중독증
어란(魚卵)	말린 생선알, 생선알	염증(炎症)	곪음증
어분(魚粉)	생선가루	염지(鹽漬)	소금절임
어비(魚肥)	생선거름	염해(鹽害)	짠물해
억제재배(抑制栽培)	늦추어가꾸기	염해지(鹽害地)	짠물해 땅
언지법(偃枝法)	휘묻이	염화가리(鹽化加里)	염화칼리
얼자(蘖子)	새끼가지	엽고병(葉枯病)	잎마름병
엔시리지(ensilage)	담근먹이	엽권병(葉倦病)	잎말이병
여왕봉(女王蜂)	여왕벌	엽권충(葉倦)	잎말이나방
역병(疫病)	돌림병	엽령(葉齡)	잎나이
역용우(役用牛)	일소	엽록소(葉綠素)	잎파랑이
역우(役牛)	일소	엽맥(葉脈)	잎맥
역축(役畜)	일가축	엽면살포(葉面撒布)	잎에 뿌리기
연가조상수확법	연간 가지 뽕거두기	엽면시비(葉面施肥)	잎에 거름주기
연골(軟骨)	물렁뼈	엽면적(葉面積)	잎면적
연구기(燕口期)	잎펼 때	엽병(葉炳)	잎자루
연근(蓮根)	연뿌리	엽비(葉)	응애
연맥(燕麥)	귀리	엽삽(葉插)	잎꽂이
연부병(軟腐病)	무름병	엽서(葉序)	잎차례
연사(練飼)	이겨 먹이기	엽선(葉先)	잎끝
연상(練床)	이긴 모판	엽선절단(葉先切斷)	잎끝자르기
연수(軟水)	단물	엽설(葉舌)	잎혀
연용(連用)	이어쓰기	엽신(葉身)	잎새
연이법(練餌法)	반죽먹이기	엽아(葉芽)	잎눈
연작(連作)	이어짓기	엽연(葉緣)	잎가선
연초야아(煙草夜蛾)	담배나방	엽연초(葉煙草)	잎담배
연하(嚥下)	삼킴	엽육(葉肉)	잎살

엽이(葉耳)	잎귀	외피복(外被覆)	겉덮기, 겉덮개
엽장(葉長)	잎길이	요(尿)	오줌
엽채류(葉菜類)	잎채소류, 잎채소붙이	요도결석(尿道結石)	오줌길에 생긴 돌
엽초(葉)	잎집	요독증(尿毒症)	오줌독 증세
엽폭(葉幅)	잎 너비	요실금(尿失禁)	오줌 흘림
영견(營繭)	고치짓기	요의빈삭(尿意頻數)	오줌 자주 마려움
영계(鷄)	약병아리	요절병(腰折病)	잘록병
영년식물(永年植物)	오래살이 작물	욕광최아(浴光催芽)	햇볕에서 싹띄우기
영양생장(營養生長)	몸자람	용수로(用水路)	물대기 도랑
영화(穎化)	이삭꽃	용수원(用水源)	끝물
영화분화기	이삭꽃 생길 때	용제(溶劑)	녹는 약
(穎化分化期)		용탈(溶脫)	녹아 빠짐
예도(刈倒)	베어 넘김	용탈증(溶脫症)	녹아 빠진 흙
예찰(豫察)	미리 살핌	우(牛)	소
예초(刈草)	풀베기	우결핵(牛結核)	소결핵
예초기(刈草機)	풀베개	우량종자(優良種子)	좋은 씨앗
예취(刈取)	베기	우모(羽毛)	깃털
예취기(刈取機)	풀베개	우사(牛舍)	외양간
예폭(刈幅)	벨너비	우상(牛床)	축사에 소를 1마리씩
오모(汚毛)	더러운 털		수용하기 위한 구획
오수(汚水)	더러운 물	우승(牛蠅)	쇠파리
오염견(汚染繭)	물든 고치	우육(牛肉)	쇠고기
옥견(玉繭)	쌍고치	우지(牛脂)	쇠기름
옥사(玉絲)	쌍고치실	우형기(牛衡器)	소저울
옥외육(屋外育)	한데치기	우회수로(迂廻水路)	돌림도랑
옥촉서(玉蜀黍)	옥수수	운형병(雲形病)	수탉
옥총(玉)	양파	웅봉(雄蜂)	수벌
옥총승(玉繩)	고자리파리	웅성불임(雄性不稔)	고자성
옥토(沃土)	기름진 땅	웅수(雄穗)	수이삭
온수관개(溫水灌漑)	더운 물대기	웅예(雄)	수술
온욕법(溫浴法)	더운 물담그기	웅추(雄雛)	수평아리
완두상충(豌豆象)	완두바구미	웅충(雄)	수벌레
완숙(完熟)	다익음	웅화(雄花)	수꽃
완숙과(完熟果)	익은 열매	원경(原莖)	원줄기
완숙퇴비(完熟堆肥)	다썩은 두엄	원추형(圓錐形)	원뿔꽃
완전변태(完全變態)	갖춘 탈바꿈	원형화단(圓形花壇)	둥근 꽃밭
완초(莞草)	왕골	월과(越瓜)	김치오이
완효성(緩效性)	천천히 듣는	월년생(越年生)	두해살이
왕대(王臺)	여왕벌집	월동(越冬)	겨울나기
왕봉(王蜂)	여왕벌	위임신(僞姙娠)	헛배기
왜성대목(倭性臺木)	난장이 바탕나무	위조(萎凋)	시듦
외곽목책(外廓木柵)	바깥울	위조계수(萎凋係數)	시듦값
외래종(外來種)	외래품종	위조점(萎凋点)	시들점
외반경(外返耕)	바깥 돌아갈이	위축병(萎縮病)	오갈병
외상(外傷)	겉상처	위황병(萎黃病)	누른오갈병

유(柚)	유자	유합(癒合)	아뭄
유근(幼根)	어린 뿌리	유황(黃)	황
유당(乳糖)	젖당	유황대사(黃代謝)	황대사
유도(油桃)	민복숭아	유황화합물	황화합물
유두(乳頭)	젖꼭지	(黃化合物)	
유료작물(有料作物)	기름작물	유효경비율	참줄기비율
유목(幼木)	어린 나무	(有效莖比率)	
유묘(幼苗)	어린모	유효분얼최성기	참 새끼치기 최성기
유박(油粕)	깻묵	(有效分蘖最盛期)	
유방염(乳房炎)	젖알이	유효분얼 한계기	참 새끼치기 한계기
유봉(幼蜂)	새끼벌	유효분지수	참가지수, 유효가지수
유산(乳酸)	젖산	(有效分枝數)	
유산(流産)	새끼지우기	유효수수(有效穗數)	참이삭수
유산가리(酸加里)	황산가리	유휴지(遊休地)	묵힌 땅
유산균(乳酸菌)	젖산균	육계(肉鷄)	고기를 위해 기르는 닭,
유산망간	황산망간		식육용 닭
(酸mangan)		육도(陸稻)	밭벼
유산발효(乳酸醱酵)	젖산 띄우기	육돈(陸豚)	실돼지
유산양(乳山羊)	젖염소	육묘(育苗)	모기르기
유살(誘殺)	꾀어 죽이기	육묘대(陸苗垈)	밭모판, 밭못자리
유상(濡桑)	물뽕	육묘상(育苗床)	못자리
유선(乳腺)	젖줄, 젖샘	육성(育成)	키우기
유수(幼穗)	어린 이삭	육아재배(育芽栽培)	싹내 가꾸기
유수분화기	이삭 생길 때	육우(肉牛)	고기소
(幼穗分化期)		육잠(育蠶)	누에치기
유수형성기	배동받이 때	육즙(肉汁)	고기즙
(幼穗形成期)		육추(育雛)	병아리기르기
유숙(乳熟)	젖 익음	윤문병(輪紋病)	테무늬병
유아(幼芽)	어린 싹	윤작(輪作)	돌려짓기
유아등(誘蛾燈)	꾀임등	윤환방목(輪換放牧)	옮겨 놓아 먹이기
유안(硫安)	황산암모니아	윤환채초(輪換採草)	옮겨 풀베기
유압(油壓)	기름 압력	율(栗)	밤
유엽(幼葉)	어린 잎	은아(隱芽)	숨은 눈
유우(乳牛)	젖소	음건(陰乾)	그늘 말리기
유우(幼牛)	애송아지	음수량(飮水量)	물먹는 양
유우사(乳牛舍)	젖소외양간, 젖소간	음지답(陰地畓)	응달논
유인제(誘引劑)	꾀임약	응집(凝集)	엉김, 응집
유제(油劑)	기름약	응혈(凝血)	피 엉김
유지(乳脂)	젖기름	의빈대(疑牝臺)	암틀
유착(癒着)	엉겨 붙음	의잠(蟻蠶)	개미누에
유추(幼雛)	햇병아리, 병아리	이(李)	자두
유추사료(幼雛飼料)	햇병아리 사료	이(梨)	배
유축(幼畜)	어린 가축	이개(耳介)	귓바퀴
유충(幼蟲)	애벌레, 약충	이기작(二期作)	두 번 짓기
유토(幼兎)	어린 토끼		

이년생화초 (二年生花草)	두해살이 화초	임돈(姙豚)	새끼밴 돼지
이대소야아 (二帶小夜蛾)	벼애나방	임신(姙娠)	새끼배기
		임신징후(姙娠徵候)	임신기, 새깨밴 징후
이면(二眠)	두잠	임실(稔實)	씨여뭄
이모작(二毛作)	두 그루갈이	임실유(荏實油)	들기름
이박(飴粕)	엿밥	입고병(立枯病)	잘록병
이백삽병(裏白澁病)	뒷면흰가루병	입단구조(粒團構造)	떼알구조
이병(痢病)	설사병	입도선매(立稻先賣)	벼베기 전 팔이,베기 전 팔이
이병경률(罹病莖率)	병든 줄기율	입란(入卵)	알넣기
이병묘(罹病苗)	병든 모	입색(粒色)	낟알색
이병성(罹病性)	병 걸림성	입수계산(粒數計算)	낟알 셈
이병수율(罹病穗率)	병든 이삭률	입제(粒劑)	싸락약
이병식물(罹病植物)	병든 식물	입중(粒重)	낟알 무게
이병주(罹病株)	병든 포기	입직기(織機)	가마니틀
이병주율(罹病株率)	병든 포기율	잉여노동(剩餘勞動)	남는 노동
이식(移植)	옮겨심기		
이앙밀도(移秧密度)	모내기뱀새		
이야포(二夜包)	한밤 묵히기	ㅈ	
이유(離乳)	젖떼기		
이주(梨酒)	배술	자(刺)	가시
이품종(異品種)	다른 품종	자가수분(自家受粉)	제 꽃가루 받이
이하선(耳下線)	귀밑샘	자견(煮繭)	고치삶기
이형주(異型株)	다른 꼴 포기	자궁(子宮)	새끼집
이화명충(二化螟)	이화명나방	자근묘(自根苗)	제뿌리 모
이환(罹患)	병 걸림	자돈(仔豚)	새끼돼지
이희심식충(梨姬心食)	배명나방	자동급사기 (自動給飼機)	자동 먹이틀
익충(益)	이로운 벌레	자동급수기 (自動給水機)	자동 물주개
인경(鱗莖)	비늘줄기		
인공부화(人工孵化)	인공알깨기	자만(子蔓)	아들덩굴
인공수정(人工受精)	인공 정받이	자묘(子苗)	새끼모
인공포유(人工哺乳)	인공 젖먹이기	자반병(紫斑病)	자주무늬병
인안(鱗安)	인산암모니아	자방(子房)	씨방
인입(引入)	끌어들임	자방병(子房病)	씨방자루
인접주(隣接株)	옆그루	자산양(子山羊)	새끼염소
인초(藺草)	골풀	자소(紫蘇)	차조기
인편(鱗片)	쪽	자수(雌穗)	암이삭
인후(咽喉)	목구멍	자아(雌蛾)	암나방
일건(日乾)	볕말림	자연초지(自然草地)	자연 풀밭
일고(日雇)	날품	자엽(子葉)	떡잎
일년생(一年生)	한해살이	자예(雌)	암술
일륜차(一輪車)	외바퀴수레	자웅감별(雌雄鑑別)	암술 가리기
일면(一眠)	첫잠	자웅동체(雌雄同體)	암수 한 몸
일조(日照)	볕	자웅분리(雌雄分離)	암수 가리기
일협립수(1莢粒數)	꼬투리당 일수	자저(煮藷)	찐고구마
		자추(雌雛)(作付體系)	암평아리

농업용어

자침(刺針)	벌침	재상(栽桑)	뽕가꾸기
자화(雌花)	암꽃	재생근(再生根)	되난뿌리
자화수정(自花受精)	제 꽃가루받이,	재식(栽植)	심기
	제 꽃 정받이	재식거리(栽植距離)	심는 거리
작부체계(作付體系)	심기차례	재식면적(栽植面積)	심는 면적
작열감(灼熱感)	모진 아픔	재식밀도(栽植密度)	심음배기,
작조(作條)	골타기		심었을 때 빽빽한 정도
작토(作土)	갈이 흙	저(楮)	닥나무, 닥
작형(作型)	가꿈꼴	저견(貯繭)	고치 저장
작황(作況)	되는 모양,	저니토(低泥土)	시궁흙
	농작물의 자라는 상황	저마(苧麻)	모시
작휴재배(作畦栽培)	이랑가꾸기	저밀(貯蜜)	꿀갈무리
잔상(殘桑)	남은 뽕	저상(貯桑)	뽕저장
잔여모(殘餘苗)	남은 모	저설온상(低說溫床)	낮은 온상
잠가(蠶架)	누에 시렁	저수답(貯水畓)	물받이 논
잠견(蠶繭)	누에고치	저습지(低濕地)	질펄 땅, 진 땅
잠구(蠶具)	누에연모	저위생산답	소출낮은 논
잠란(蠶卵)	누에 알	(低位生産畓)	
잠령(蠶齡)	누에 나이	저위예취(低位刈取)	낮추베기
잠망(蠶網)	누에 그물	저작구(咀嚼口)	씹는 입
잠박(蠶箔)	누에 채반	저작운동(咀嚼運動)	씹기 운동, 씹기
잠복아(潛伏芽)	숨은 눈	저장(貯藏)	갈무리
잠사(蠶絲)	누에실, 잠실	저항성(低抗性)	버틸성
잠아(潛芽)	숨은 눈	저해견(害繭)	구더기난 고치
잠엽충(潛葉충)	잎굴나방	저휴(低畦)	낮은 이랑
잠작(蠶作)	누에되기	적고병(赤枯病)	붉은마름병
잠족(蠶簇)	누에섶	적과(摘果)	열매솎기
잠종(蠶種)	누에씨	적과협(摘果鋏)	열매솎기 가위
잠종상(蠶種箱)	누에씨상자	적기(適期)	제때, 제철
잠좌지(蠶座紙)	누에 자리종이	적기방제(適期防除)	제때 방제
잡수(雜穗)	잡이삭	적기예취(適期刈取)	제때 베기
장간(長稈)	큰키	적기이앙(適期移秧)	제때 모내기
장과지(長果枝)	긴열매가지	적기파종(適期播種)	제때 뿌림
장관(腸管)	창자	적량살포(適量撒布)	알맞게 뿌리기
장망(長芒)	긴까락	적량시비(適量施肥)	알맞은 양 거름주기
장방형식(長方形植)	긴모꼴심기	적뢰(摘)	봉오리 따기
장시형(長翅型)	긴날개꼴	적립(摘粒)	알솎기
장일성식물	긴볕 식물	적맹(摘萌)	눈솎기
(長日性植物)		적미병(摘微病)	붉은곰팡이병
장일처리(長日處理)	긴볕 쬐기	적상(摘桑)	뽕따기
장잠(壯蠶)	큰누에	적상조(摘桑爪)	뽕가락지
장중첩(腸重疊)	창자 겹침	적성병(赤星病)	붉음별무늬병
장폐색(腸閉塞)	창자 막힘	적수(摘穗)	송이솎기
재발아(再發芽)	다시 싹나기	적심(摘芯)	순지르기
재배작형(栽培作型)	가꾸기꼴	적아(摘芽)	눈따기

적엽(摘葉)	잎따기	점진최청(漸進催靑)	점진 알깨기
적예(摘蘂)	순지르기	점청기(点靑期)	점보일 때
적의(赤蟻)	붉은개미누에	점토(粘土)	찰흙
적토(赤土)	붉은 흙	점파(点播)	점뿌림
적화(摘花)	꽃솎기	접도(接刀)	접칼
전륜(前輪)	앞바퀴	접목묘(接木苗)	접나무모
전면살포(全面撒布)	전면뿌리기	접삽법(接插法)	접꽂아
전모(剪毛)	털깍기	접수(接穗)	접순
전묘대(田苗垈)	밭못자리	접아(接芽)	접눈
전분(澱粉)	녹말	접지(接枝)	접가지
전사(轉飼)	옮겨 기르기	접지압(接地壓)	땅누름 압력
전시포(展示圃)	본보기논, 본보기밭	정곡(精穀)	알곡
전아육(全芽育)	순뽕치기	정마(精麻)	속삼
전아육성(全芽育成)	새순 기르기	정맥(精麥)	보리쌀
전염경로(傳染經路)	옮은 경로	정맥강(精麥糠)	몽근쌀 비율
전엽육(全葉育)	잎뽕치기	정맥비율(精麥比率)	보리쌀 비율
전용상전(專用桑田)	전용 뽕밭	정선(精選)	잘 고르기
전작(前作)	앞그루	정식(定植)	아주심기
전작(田作)	밭농사	정아(頂芽)	끝눈
전작물(田作物)	밭작물	정엽량(正葉量)	잎뽕량
전정(剪定)	다듬기	정육(精肉)	살코기
전정협(剪定鋏)	다듬가위	정제(錠劑)	알약
전지(前肢)	앞다리	정조(正租)	알벼
전지(剪枝)	가지 다듬기	정조식(正租式)	줄모
전지관개(田地灌漑)	밭물대기	정지(整地)	땅고르기
전직장(前直腸)	앞곧은 창자	정지(整枝)	가지고르기
전층시비(全層施肥)	거름흙살 섞어주기	정화아(頂花芽)	끝꽃눈
절간(切干)	썰어 말리기	제각(除角)	뿔 없애기, 뿔 자르기
절간(節間)	마디사이	제경(除莖)	줄기치기
절간신장기	마디 자랄 때	제과(製菓)	과자만들기
(節間伸長期)		제대(臍帶)	탯줄
절간장(節稈長)	마디길이	제대(除袋)	봉지 벗기기
절개(切開)	가름	제동장치(制動裝置)	멈춤장치
절근아법(切根芽法)	뿌리눈접	제마(製麻)	삼 만들기
절단(切斷)	자르기	제맹(除萌)	순따기
절상(切傷)	베인 상처	제면(製麵)	국수 만들기
절수재배(節水栽培)	물 아껴 가꾸기	제사(除沙)	똥갈이
절접(切接)	깍기접	제심(除心)	속대 자르기
절토(切土)	흙깍기	제염(除鹽)	소금빼기
절화(折花)	꽃이꽃	제웅(除雄)	수술치기
절흔(切痕)	베인 자국	제점(臍点)	배꼽
점등사육(點燈飼育)	불켜 기르기	제족기(第簇機)	섶틀
점등양계(點燈養鷄)	불켜 닭기르기	제초(除草)	김매기
점적식관수	방울 물주기	제핵(除核)	씨빼기
(点滴式灌水)		조(棗)	대추

조간(條間)	줄 사이	종자예조(種子豫措)	종자가리기
조고비율(組藁比率)	볏짚비율	종자전염(種子傳染)	씨앗 전염
조기재배(早期栽培)	일찍 가꾸기	종창(腫脹)	부어오름
조맥강(粗麥糠)	거친 보릿겨	종축(種畜)	씨가축
조사(繰絲)	실켜기	종토(種兎)	씨토끼
조사료(粗飼料)	거친 먹이	종피색(種皮色)	씨앗 빛
조상(條桑)	가지뽕	좌상육(桑育)	뽕썰어치기
조상육(條桑育)	가지뽕치기	좌아육(芽育)	순썰어치기
조생상(早生桑)	올뽕	좌절도복(挫折倒伏)	꺾어 쓰러짐
조생종(早生種)	올씨	주(株)	포기, 그루
조소(造巢)	벌집 짓기, 집 짓기	주간(主幹)	원줄기
조숙(早熟)	올 익음	주간(株間)	포기사이, 그루사이
조숙재배(早熟栽培)	일찍 가꾸기	주간거리(株間距離)	그루사이, 포기사이
조식(早植)	올 심기	주경(主莖)	원줄기
조식재배(早植栽培)	올 심어 가꾸기	주근(主根)	원뿌리
조지방(粗脂肪)	거친 굳기름	주년재배(周年栽培)	사철가꾸기
조파(早播)	올 뿌림	주당수수(株當穗數)	포기당 이삭수
조파(條播)	줄뿌림	주두(柱頭)	암술머리
조회분(粗灰分)	거친 회분	주아(主芽)	으뜸눈
족(簇)	섶	주위작(周圍作)	둘레심기
족답탈곡기	디딜 탈곡기	주지(主枝)	원가지
(足踏脫穀機)		중간낙수(中間落水)	중간 물떼기
족착견(簇着繭)	섶자국 고치	중간아(中間芽)	중간눈
종견(種繭)	씨고치	중경(中耕)	매기
종계(種鷄)	씨닭	중경제초(中耕除草)	김매기
종구(種球)	씨알	중과지(中果枝)	중간열매가지
종균(種菌)	씨균	중력분(中力粉)	보통 밀가루, 밀가루
종근(種根)	씨뿌리	중립종(中粒種)	중씨앗
종돈(種豚)	씨돼지	중만생종(中晩生種)	엊늦씨
종란(種卵)	씨알	중묘(中苗)	중간 모
종모돈(種牡豚)	씨수돼지	중생종(中生種)	가온씨
종모우(種牡牛)	씨황소	중식기(中食期)	중밥 때
종묘(種苗)	씨모	중식토(重植土)	찰질흙
종봉(種蜂)	씨벌	중심공동서	속 빈 감자
종부(種付)	접붙이기	(中心空胴薯)	
종빈돈(種牝豚)	씨암퇘지	중추(中雛)	중병아리
종빈우(種牝牛)	씨암소	증체량(增體量)	살찐 양
종상(終霜)	끝서리	지(枝)	가지
종실(種實)	씨알	지각(枳殼)	탱자
종실중(種實重)	씨무게	지경(枝梗)	이삭가지
종양(腫瘍)	혹	지고병(枝枯病)	가지마름병
종자(種子)	씨앗, 씨	지근(枝根)	갈림 뿌리
종자갱신(種子更新)	씨앗갈이	지두(枝豆)	풋콩
종자교환(種子交換)	씨앗바꾸기	지력(地力)	땅심
종자근(種子根)	씨뿌리	지력증진(地力增進)	땅심 돋우기

지면잠(遲眠蠶)	늦잠누에	착립(着粒)	알달림
지발수(遲發穗)	늦이삭	착색(着色)	색깔 내기
지방(脂肪)	굳기름	착유(搾乳)	젖짜기
지분(紙盆)	종이분	착즙(搾汁)	즙내기
지삽(枝插)	가지꽂이	착탈(着脫)	달고 떼기
지엽(止葉)	끝잎	착화(着花)	꽃달림
지잠(遲蠶)	처진 누에	착화불량(着花不良)	꽃눈 형성 불량
지접(枝接)	가지접	찰과상(擦過傷)	긁힌 상처
지제부분(地際部分)	땅 닿은 곳	창상감염(創傷感染)	상처 옮음
지조(枝條)	가지	채두(菜豆)	강낭콩
지주(支柱)	받침대	채란(採卵)	알걷이
지표수(地表水)	땅윗물	채랍(採蠟)	밀따기
지하경(地下莖)	땅 속 줄기	채묘(採苗)	모찌기
지하수개발	땅 속 물 찾기	채밀(採蜜)	꿀따기
(地下水開發)		채엽법(採葉法)	잎따기
지하수위(地下水位)	지하수 높이	채종(採種)	씨받이
직근(直根)	곧은 뿌리	채종답(採種畓)	씨받이논
직근성(直根性)	곧은 뿌리성	채종포(採種圃)	씨받이논, 씨받이밭
직립경(直立莖)	곧은 줄기	채토장(採土場)	흙캐는 곳
직립성낙화생	오뚜기땅콩	척박토(瘠薄土)	메마른 흙
(直立性落花生)		척수(脊髓)	등골
직립식(直立植)	곧추 심기	척추(脊椎)	등뼈
직립지(直立枝)	곧은 가지	천경(淺耕)	얕이갈이
직장(織腸)	곧은 창자	천공병(穿孔病)	구멍병
직파(直播)	곧 뿌림	천구소병(天狗巢病)	빗자루병
진균(眞菌)	곰팡이	천근성(淺根性)	얕은 뿌리성
진압(鎭壓)	눌러주기	천립중(千粒重)	천알 무게
질사(窒死)	질식사	천수답(天水畓)	하늘바라기 논, 봉천답
질소과잉(窒素過剰)	질소 넘침	천식(淺植)	얕심기
질소기아(窒素饑餓)	질소 부족	천일건조(天日乾操)	볕말림
질소잠재지력	질소 스민 땅심	청경법(淸耕法)	김매 가꾸기
(窒素潛在地力)		청고병(靑枯病)	풋마름병
징후(徵候)	낌새	청마(靑麻)	어저귀
		청미(靑米)	청치
		청수부(靑首部)	가지와 뿌리의 경계부
ㅊ		청예(靑刈)	풋베기
		청예대두(靑刈大豆)	풋베기 콩
차광(遮光)	볕가림	청예목초(靑刈木草)	풋베기 목초
차광재배(遮光栽培)	볕가림 가꾸기	청예사료(靑刈飼料)	풋베기 사료
차륜(車輪)	차바퀴	청예옥촉서	풋베기 옥수수
차일(遮日)	해가림	(靑刈玉蜀黍)	
차전초(車前草)	질경이	청정채소(淸淨菜蔬)	맑은 채소
차축(車軸)	굴대	청초(靑草)	생풀
착과(着果)	열매 달림, 달린 열매	체고(體高)	키
착근(着根)	뿌리 내림	체장(體長)	몸길이
착뢰(着)	망울 달림		

농업용어

초가(草架)	풀시렁	추비(追肥)	웃거름
초결실(初結實)	첫 열림	추수(秋收)	가을걷이
초고(枯)	잎집마름	추식(秋植)	가을심기
초목회(草木灰)	재거름	추엽(秋葉)	가을잎
초발이(初發苡)	첫물 버섯	추작(秋作)	가을가꾸기
초본류(草本類)	풀붙이	추잠(秋蠶)	가을누에
초산(初産)	첫배 낳기	추잠종(秋蠶種)	가을누에씨
초산태(硝酸態)	질산태	추접(秋接)	가을접
초상(初霜)	첫 서리	추지(秋枝)	가을가지
초생법(草生法)	풀두고 가꾸기	추파(秋播)	덧뿌림
초생추(初生雛)	갓 깬 병아리	추화성(趨化性)	물따름성, 물쫓음성
초세(草勢)	풀자람새, 잎자람새	축사(畜舍)	가축우리
초식가축(草食家畜)	풀먹이 가축	축엽병(縮葉病)	잎오갈병
초안(硝安)	질산암모니아	춘경(春耕)	봄갈이
초유(初乳)	첫젖	춘계재배(春季栽培)	봄가꾸기
초자실재배	유리온실 가꾸기	춘국(春菊)	쑥갓
(硝子室栽培)		춘벌(春伐)	봄베기
초장(草長)	풀 길이	춘식(春植)	봄심기
초지(草地)	꼴 밭	춘엽(春葉)	봄잎
초지개량(草地改良)	꼴 밭 개량	춘잠(春蠶)	봄누에
초지조성(草地造成)	꼴 밭 가꾸기	춘잠종(春蠶種)	봄누에씨
초추잠(初秋蠶)	초가을 누에	춘지(春枝)	봄가지
초형(草型)	풀꽃	춘파(春播)	봄뿌림
촉각(觸角)	더듬이	춘파묘(春播苗)	봄모
촉서(蜀黍)	수수	춘파재배(春播栽培)	봄가꾸기
촉성재배(促成栽培)	철 당겨 가꾸기	출각견(出殼繭)	나방난 고치
총(蔥)	파	출사(出)	수염나옴
총생(叢生)	모듬남	출수(出穗)	이삭패기
총체벼	사료용 벼	출수기(出穗期)	이삭팰 때
총체보리	사료용 보리	출아(出芽)	싹나기
최고분얼기	최고 새끼치기 때	출웅기(出雄期)	수이삭 때, 수이삭날 때
(最高分蘖期)		출하기(出荷期)	제철
최면기(催眠期)	잠 들 무렵	충령(齡)	벌레나이
최아(催芽)	싹 틔우기	충매전염(蟲媒傳染)	벌레전염
최아재배(催芽栽培)	싹 틔워 가꾸기	충영(蟲廮)	벌레 혹
최청(催靑)	알깨기	충분(蟲糞)	곤충의 똥
최청기(催靑器)	누에깰 틀	취목(取木)	휘묻이
추경(秋耕)	가을갈이	취소성(就巢性)	품는 버릇
추계재배(秋季栽培)	가을가꾸기	측근(側根)	곁뿌리
추광성(趨光性)	빛 따름성, 빛 쫓음성	측아(側芽)	곁눈
추대(抽臺)	꽃대 신장, 꽃대 자람	측지(側枝)	곁가지
추대두(秋大豆)	가을콩	측창(側窓)	곁창
추백리병(雛白痢病)	병아리흰설사병,	측화아(側花芽)	곁꽃눈
	병아리설사병	치묘(稚苗)	어린 모
추비(秋肥)	가을거름	치은(齒)	잇몸

치잠(稚蠶)	애누에	포낭(包囊)	홀씨 주머니
치잠공동사육	애누에 공동치기	포란(抱卵)	알 품기
(稚蠶共同飼育)		포말(泡沫)	거품
치차(齒車)	톱니바퀴	포복(匍匐)	덩굴 뻗음
친주(親株)	어미 포기	포복경(匍匐莖)	땅 덩굴줄기
친화성(親和性)	어울림성	포복성낙화생	덩굴땅콩
침고(寢藁)	깔짚	(匍匐性落花生)	
침시(沈柿)	우려낸 감	포엽(苞葉)	이삭잎
침종(浸種)	씨앗 담그기	포유(胞乳)	젖먹이, 적먹임
침지(浸漬)	물에 담그기	포자(胞子)	홀씨
		포자번식(胞子繁殖)	홀씨번식
		포자퇴(胞子堆)	홀씨더미
ㅋ		포충망(捕蟲網)	벌레그물
		폭(幅)	너비
		폭립종(爆粒種)	튀김씨
칼티베이터	중경제초기	표충(瓢)	무당벌레
(Cultivator)		표층시비(表層施肥)	표층 거름주기, 겉거름 주기
		표토(表土)	겉흙
ㅍ		표피(表皮)	겉껍질
		표형견(俵形繭)	땅콩형 고치
		풍건(風乾)	바람말림
파쇄(破碎)	으깸	풍선(風選)	날려 고르기
파악기(把握器)	교미틀	플라우(Plow)	쟁기
파조(播條)	뿌림 골	플랜터(Planter)	씨뿌리개, 파종기
파종(播種)	씨뿌림	피마(皮麻)	껍질삼
파종상(播種床)	모판	피맥(皮麥)	겉보리
파폭(播幅)	골 너비	피목(皮目)	껍질눈
파폭률(播幅率)	골 너비율	피발작업(拔作業)	피사리
파행(跛行)	절뚝거림	피복(被覆)	덮개, 덮기
패각(貝殼)	조가비	피복재배(被覆栽培)	덮어 가꾸기
패각분말(敗殼粉末)	조가비 가루	피해경(被害莖)	피해 줄기
펠레트(Pellet)	덩이먹이	피해립(被害粒)	상한 낟알
편식(偏食)	가려먹음	피해주(被害株)	피해 포기
편포(扁浦)	박		
평과(果)	사과	**ㅎ**	
평당주수(坪當株數)	평당 포기수		
평부잠종(平附蠶種)	종이받이 누에		
평분(平盆)	넓적분	하계파종(夏季播種)	여름 뿌림
평사(平舍)	바닥 우리	하고(夏枯)	더위시듦
평사(平飼)	바닥 기르기(축산),	하기전정(夏期剪定)	여름 가지치기
	넓게 치기(잠업)	하대두(夏大豆)	여름 콩
평예법(坪刈法)	평뜨기	하등(夏橙)	여름 귤
평휴(平畦)	평이랑	하리(下痢)	설사
폐계(廢鷄)	못쓸 닭	하번초(下繁草)	아래퍼짐 풀, 밑퍼짐 풀, 지
폐사율(廢死率)	죽는 비율		표면에서 자라는 식물
폐상(廢床)	비운 모판	하벌(夏伐)	여름거름
폐색(閉塞)	막힘		
폐장(肺臟)	허파		

하비(夏肥)	여름거름	호숙(湖熟)	풀 익음
하수지(下垂枝)	처진 가지	호엽고병(縞葉枯病)	줄무늬마름병
하순(下脣)	아랫잎술	호접(互接)	맞접
하아(夏芽)	여름눈	호흡속박(呼吸速迫)	숨가쁨
하엽(夏葉)	여름잎	혼식(混植)	섞어심기
하작(夏作)	여름 가꾸기	혼용(混用)	섞어쓰기
하잠(夏蠶)	여름 누에	혼용살포(混用撒布)	섞어뿌림, 섞뿌림
하접(夏接)	여름접	혼작(混作)	섞어짓기
하지(夏枝)	여름 가지	혼종(混種)	섞임씨
하파(夏播)	여름 파종	혼파(混播)	섞어뿌림
한랭사(寒冷紗)	가림망	혼합맥강(混合麥糠)	섞음보릿겨
한발(旱魃)	가뭄	혼합아(混合芽)	혼합눈
한선(汗腺)	땀샘	화경(花梗)	꽃대
한해(旱害)	가뭄피해	화경(花莖)	꽃줄기
할접(割接)	짜개접	화관(花冠)	꽃부리
함미(鹹味)	짠맛	화농(化膿)	곪음
합봉(合蜂)	벌통합치기, 통합치기	화도(花挑)	꽃복숭아
합접(合接)	맞접	화력건조(火力乾操)	불로 말리기
해채(菜)	염교	화뢰(花)	꽃봉오리
해충(害蟲)	해로운 벌레	화목(花木)	꽃나무
해토(解土)	땅풀림	화묘(花苗)	꽃모
행(杏)	살구	화본과목초	볏과목초
향식기(餉食期)	첫밥 때	(禾本科牧草)	
향신료(香辛料)	양념재료	화본과식물	볏과식물
향신작물(香愼作物)	양념작물	(禾本科植物)	
향일성(向日性)	빛 따름성	화부병(花腐病)	꽃썩음병
향지성(向地性)	빛 따름성	화분(花粉)	꽃가루
혈명견(穴明繭)	구멍고치	화산성토(火山成土)	화산흙
혈변(血便)	피똥	화산회토(火山灰土)	화산재
혈액응고(血液凝固)	피엉김	화색(花色)	꽃색
혈파(穴播)	구멍파종	화속상결과지	꽃덩이 열매가지
협(莢)	꼬투리	(化束狀結果枝)	
협실비율(莢實比率)	꼬투리알 비율	화수(花穗)	꽃송이
협장(莢長)	꼬투리 길이	화아(花芽)	꽃눈
협폭파(莢幅播)	좁은 이랑뿌림	화아분화(花芽分化)	꽃눈분화
형잠(形蠶)	무늬누에	화아형성(花芽形成)	꽃눈형성
호과(胡瓜)	오이	화용	번데기 되기
호도(胡挑)	호두	화진(花振)	꽃떨림
호로과(葫蘆科)	박과	화채류(花菜類)	꽃채소
호마(胡麻)	참깨	화탁(花托)	꽃받기
호마엽고병	깨씨무늬병	화판(花瓣)	꽃잎
(胡麻葉枯病)		화피(花被)	꽃덮이
호마유(胡麻油)	참기름	화학비료(化學肥料)	화학거름
호맥(胡麥)	호밀	화형(花型)	꽃모양
호반(虎班)	호랑무늬	화훼(花卉)	화초

환금작물(還金作物)	돈벌이작물	흑산양(黑山羊)	흑염소
환모(換毛)	털갈이	흑삽병(黑澁病)	검은가루병
환상박피(環床剝皮)	껍질 돌려 벗기기, 돌려 벗기기	흑성병(黑星病)	검은별무늬병
환수(換水)	물갈이	흑수병(黑穗病)	깜부기병
환우(換羽)	털갈이	흑의(黑蟻)	검은개미누에
환축(患畜)	병든 가축	흑임자(黑荏子)	검정깨
활착(活着)	뿌리내림	흑호마(黑胡麻)	검정깨
황목(荒木)	제풀나무	흑호잠(黑縞蠶)	검은띠누에
황숙(黃熟)	누렇게 익음	흡지(吸枝)	뿌리순
황조슬충(黃條)	배추벼룩잎벌레	희석(稀釋)	묽힘
황촉규(黃蜀葵)	닥풀	희잠(姬蠶)	민누에
황충(蝗)	메뚜기		
회경(回耕)	돌아갈이		
회분(灰粉)	재		
회전족(回轉簇)	회전섶		
횡반(橫斑)	가로무늬		
횡와지(橫臥枝)	누운 가지		
후구(後軀)	뒷몸		
후기낙과(後期落果)	자라 떨어짐		
후륜(後輪)	뒷바퀴		
후사(後飼)	배게 기르기		
후산(後産)	태낳기		
후산정체(後産停滯)	태반이 나오지 않음		
후숙(後熟)	따서 익히기, 따서 익힘		
후작(後作)	뒷그루		
후지(後肢)	뒷다리		
훈연소독(燻煙消毒)	연기찜 소독		
훈증(燻蒸)	증기찜		
휴간관개(畦間灌漑)	고랑 물대기		
휴립(畦立)	이랑 세우기, 이랑 만들기		
휴립경법(畦立耕法)	이랑짓기		
휴면기(休眠期)	잠잘 때		
휴면아(休眠芽)	잠자는 눈		
휴반(畦畔)	논두렁, 밭두렁		
휴반대두(畦畔大豆)	두렁콩		
휴반소각(畦畔燒却)	두렁 태우기		
휴반식(畦畔式)	두렁식		
휴반재배(畦畔栽培)	두렁재배		
휴폭(畦幅)	이랑 너비		
휴한(休閑)	묵히기		
휴한지(休閑地)	노는 땅, 쉬는 땅		
흉위(胸圍)	가슴둘레		
흑두병(黑痘病)	새눈무늬병		
흑반병(黑斑病)	검은무늬병		

자두·매실

1판 1쇄 인쇄 2024년 02월 01일
1판 1쇄 발행 2024년 02월 08일
저   자 국립원예특작과학원
발 행 인 이범만
발 행 처 **21세기사** (제406-2004-00015호)
경기도 파주시 산남로 72-16 (10882)
Tel. 031-942-7861   Fax. 031-942-7864
E-mail : 21cbook@naver.com
Home-page : www.21cbook.co.kr
ISBN 979-11-6833-096-2

정가 23,000원